科技农业
高效农业

甲鱼这样养殖
就赚钱

羊　茜　占家智　编著

U0227360

科学技术文献出版社
SCIENTIFIC AND TECHNICAL DOCUMENTATION PRESS
·北京·

图书在版编目(CIP)数据

甲鱼这样养殖就赚钱 / 羊茜,占家智编著. —北京:科学技术文献出版社,2015.4(2024.4重印)

ISBN 978-7-5023-9864-4

Ⅰ.①甲… Ⅱ.①羊… ②占… Ⅲ.①鳖—淡水养殖 Ⅳ.① S966.5

中国版本图书馆 CIP 数据核字(2015)第 039746 号

甲鱼这样养殖就赚钱

策划编辑:孙江莉　责任编辑:孙江莉　责任校对:赵　瑗　责任出版:张志平

出　版　者	科学技术文献出版社	
地　　　址	北京市复兴路15号　邮编100038	
编　务　部	(010)58882938,58882087(传真)	
发　行　部	(010)58882868,58882874(传真)	
邮　购　部	(010)58882873	
官 方 网 址	www.stdp.com.cn	
发　行　者	科学技术文献出版社发行　全国各地新华书店经销	
印　刷　者	北京虎彩文化传播有限公司	
版　　　次	2015年4月第1版　2024年4月第4次印刷	
开　　　本	850×1168　1/32	
字　　　数	169千	
印　　　张	9.125	
书　　　号	ISBN 978-7-5023-9864-4	
定　　　价	19.80元	

　　甲鱼是我国重要的水产资源,也是我国传统的美食补品之一,它以独特的营养、药用和科研价值而日益受到人们青睐。在市场需求的推动下,近年来,我国对甲鱼的研究、开发和引进都取得了较大进展,甲鱼的利用和养殖规模在不断扩大,养殖技术也逐步完善,甲鱼养殖已成为特种水产养殖热点和新的经济增长点,当然也成为我国农村农民增收致富的新途径之一。

　　由于甲鱼栖息地环境受到人们的严重破坏,加上人为过度捕捉、农药污染水域等原因,导致甲鱼天然产量已经十分稀少,远远不能满足人们生活、药用和出口创汇的需要。有需求就有发展,为了满足人们对甲鱼的需求,人工养殖甲鱼已经在全国各地如火如荼地开展起来,可以这样说,甲鱼的养殖业有着十分广阔的发展前景。

　　在如火如荼的养殖热潮中,养殖户怎么养殖才能卖上好价钱? 怎么养才能赚钱? 为了帮助广大农民朋友掌握最新甲鱼养殖技术,通过养殖来赚钱,我们在总结、收集、借鉴前人经验的基础上,结合生产实践和总结的一些小技巧,组织编写了《甲鱼这样养殖就赚钱》这本书。本书内容丰富新颖,技术比较全面,重点介绍甲鱼的池塘养殖、温室养殖、仿生态野生养殖、池塘混养、庭院养殖、稻田养殖等不同的养殖技巧,不同条件下的养殖方法、饲养管理、病害防治、饲料投喂等内容,旨在帮助甲鱼养殖经营者能更好、更快地赚钱,也希望本书能给甲鱼养殖产业的发展,提供有益的帮助。

本书从实际应用出发,方法具体,内容丰富翔实,语言简洁,通俗易懂,实用性和可操作性都很强,无论是对养甲鱼专业户,还是对有关科研部门来说,都是一本极好的科普读物和辅助资料。

由于时间仓促和我们的水平有限,本书不足之处,希望广大读者谅解与指正。

羊 茜
二〇一五年一月

目录
CONTENTS

第一章 甲鱼养殖赚钱的基础知识 …………………… （1）

第一节 甲鱼的分类与种类 ………………… （1）

第二节 我国引进的外国甲鱼 ……………… （13）

第三节 甲鱼的形态特征 …………………… （19）

第四节 甲鱼的生物学特性 ………………… （24）

第五节 甲鱼的价值 ………………………… （32）

第六节 甲鱼的养殖方式 …………………… （33）

第二章 甲鱼赚钱的基础是繁殖好苗种 …………… （46）

第一节 甲鱼的繁殖特点 …………………… （46）

第二节 甲鱼的亲本选择 …………………… （49）

第三节 甲鱼的亲本培育 …………………… （57）

第四节 甲鱼卵的管理 ……………………… （70）

第五节 甲鱼卵的孵化 ……………………… （73）

第三章 甲鱼养殖赚钱的前提是培育好的苗种 …… （79）

第四章 池塘养甲鱼是传统的赚钱方式 ………… （88）

第一节 养殖前的准备工作 ………………… （88）

第二节　甲鱼养殖场的建设 …………………（93）

第三节　养殖池塘的条件 ……………………（99）

第四节　池塘的处理 …………………………（105）

第五节　甲鱼的选购与放养 …………………（111）

第六节　科学投喂 ……………………………（118）

第七节　池塘的养殖管理 ……………………（124）

第八节　甲鱼的越冬 …………………………（129）

第五章　甲鱼的混养技术是赚钱的有效途径 ……（135）

第一节　亲鱼塘混养甲鱼 ……………………（135）

第二节　草鱼与甲鱼混养 ……………………（138）

第三节　甲鱼与黄颡鱼的混养 ………………（140）

第四节　甲鱼与田螺混养 ……………………（144）

第五节　甲鱼与南美白对虾混养 ……………（149）

第六章　甲鱼仿生态野生养殖是赚钱的新趋势 …（154）

第一节　池塘的要求及处理 …………………（154）

第二节　苗种放养与养殖管理 ………………（158）

第七章　温室养甲鱼是目前赚钱的主要方式 ……（163）

第一节　了解温室养甲鱼的知识 ……………（163）

第二节　温室的修建与处理 …………………（166）

第三节　温室养甲鱼的管理 …………………（170）

第八章　其他的养殖方式是赚钱的补充措施 ……（176）

第一节　庭院养甲鱼 ……………………………（176）

第二节　楼顶养甲鱼 ……………………………（183）

第三节　稻田养甲鱼 ……………………………（186）

第九章　甲鱼的捕捞、贮藏与运输 ………（193）

第一节　甲鱼的捕捞 ……………………………（193）

第二节　甲鱼的贮藏 ……………………………（198）

第三节　甲鱼的运输 ……………………………（200）

第四节　甲鱼不同生长阶段的运输技术 ……（203）

第十章　做好疾病的防治是甲鱼养殖赚钱的保障 ………
………………………………………………………（206）

第一节　甲鱼疾病的特点与健康检查 ………（206）

第二节　中草药治疗甲鱼疾病 ………………（208）

第三节　甲鱼常见疾病的预防治 ……………（225）

第一章　甲鱼养殖赚钱的基础知识

第一节　甲鱼的分类与种类

甲鱼又称鳖或团鱼、水鱼,是一种卵生两栖爬行动物,其头像龟,但背甲没有乌龟般的条纹,边缘也不像乌龟那样硬实,而是呈柔软状的裙边,颜色墨绿色。

一、甲鱼的起源

据研究表明,我们的地球约有 46 亿年的历史,大约在 35 亿年前产生了生命,在这漫长的进化阶段中,地球上出现了各种各样的生物,现今生存的物种约有 200 万余种,它们都是过去绝灭种类的后代,都渊源于共同的祖先。

甲鱼是古老的、特化的一支爬行动物,早在两亿年前的晚三叠纪,它们就在地球上生息繁衍,且家族兴旺,种群多样。因此,甲鱼是从早期的原始龟类演变进化而来。

二、甲鱼在我国的历史

和鲤鱼一样,甲鱼在我国历史上渊源流长,3000 多年前的西周就设有专职"鳖人",为帝王从自然水域中捕捉甲鱼;公元前460年,范蠡的《养鱼经》中就有"内鳖则鱼不复生"的话,意思是说,在池塘里养鱼时,如果有甲鱼(鳖)在里面,那么池塘里其他的鱼(主要是鲤鱼)就可能被甲鱼所吞食,这是第一次准确地描述了甲鱼的动物食性。2000多年前的孟轲、荀况和汉代末期的《礼记》中分别记述了鲤鱼和甲鱼的重要性,并强调,不准捕捉幼甲鱼,以保护资源。

公元756—762年,唐肃宗立"放生池"81所,主要放生鲤鱼、乌龟、甲鱼等水生动物,从某种意义上说,我国是最早出现资源保护的国家之一。这些足以说明甲鱼在我国历史悠久,但是人工养殖甲鱼的历史并不长。

根据记载表明,20世纪70年代之前,我国从未人工养殖过甲鱼,市场上的商品甲鱼主要是捕捞的野生天然甲鱼,这个时期我们称之为人工捕捞阶段。进入70年代中后期,随着我国实行了改革开放的政策,人们的生活水平得到了提高,人们对生活的质量也慢慢地由"吃饱"向"吃好"转变,甲鱼的市场潜力逐渐显露,由过去的随捕随卖,发展到人工收购、囤养或暂养,利用时间差、地区差,赚取较高的利润。同时在科研人员的努力下,中华鳖的人工养殖、育苗技术也获得了突破与成功,但当时的水产品仍以常规养殖为主,加之市场需求量不大,因而养殖甲鱼仍未形成产业,我们称这个时期为蓄养阶段。

到了20世纪80年代中后期,随着我国市场经济的不断发展与完善,人们生活水平的提高,人们对甲鱼的需求量日益增加。东南亚各国都对甲鱼的养殖与研究给予了高度重视,但走在科研最前列的当数日本。在这个时期,日本率先进行的加温恒温养甲鱼(日本中华鳖)技术获得成功,我国也慢慢地借鉴这种温室养殖技术,同时也在室外大塘养殖甲鱼,都取得了很高的产量和很好的经济效益,我们称这个时期为人工养殖期。

养殖甲鱼产业的发展,对国内经济、市场供应有很大促进。20世纪90年代初期,养殖甲鱼已经成为我国水产行业中的热门行业。这时我国养殖甲鱼的技术水平和生产规模同日本一样居世界先进水平,按当时的市场价格论,市场前景当然是效果最好的养殖对象,是人人都向往品尝的淡水珍品。作为养殖者,在这个时期只要有池塘、有苗种、有养殖技术,就有丰厚的养殖利润,当时的甲鱼苗需求是供不应求,只要有苗种甚至小苗还在甲鱼蛋里没有孵化出来,就已经被养殖户高价预订了。在高峰期,一只甲鱼苗的售价竟高达十来元,我们称这段时间为养殖高潮期,也有人称为养殖疯狂期。

我国的甲鱼养殖业受甲鱼的生态习性的制约,一开始就以集约化方式为起点。随着生产的大发展,其集约化程度日益提高、日趋完善,管理上更加科学,这都为提高我国甲鱼养殖的集约化程度奠定了基础。但是,受甲鱼养殖高利润的驱动,人们过度地追逐甲鱼养殖数量,也不管当时的一些具体情况,如技术上的一些问题:养殖场设备配置不当、养殖工艺不完善不规范等,另外由于生态环境调控不好,导致病害严重。同时当人工高密度养殖甲鱼时,已经打破了甲鱼自然的生活规律,尤其是它们的食物来源已经不能由自然界直接提供,而人工配制的饲料加工问题很多,比如营养配方、微量元素的添加量问题等,加上当时宣传上有误导,人们在引种方面存在乱、滥引种,不经检疫,往往引起疾病的传播。因此到了20世纪90后期,甲鱼养殖的病害频发、暴发,养殖场的经营日益困难,甲鱼价格大幅度回落,加上人工养殖的甲鱼口感不好,市场认知度也不断下降,这些因素叠加在一起,给我国的甲鱼养殖业造成短期的毁灭性打击,这个时期我们称之为养殖低谷期。

随着人们对生态养殖、标准化养殖以及对甲鱼仿生态养殖等技术的研究与推广,目前甲鱼的养殖渐趋稳定与正常,使商品价值与市场价格逐渐吻合。投入产出比为1:1.4～1:2.5,这是养殖效益中最好的品种之一,亦高于其他种类淡水养殖业,我们称现在为养殖稳定期。这个时期,我们如果能对甲鱼的精深加工提高档次与水平,再开拓国际市场,甲鱼的消费在国内市场实现大众化,甲鱼养殖业前景是乐观的。

三、甲鱼的分类地位

甲鱼是养殖界对养殖鳖类的总称,在动物分类学上属脊椎动物爬行纲,龟鳖目,鳖科(*Trionychidae*)。鳖科有14属、27种,主要分布在亚洲、非洲和美洲部分地区的淡水水域,以亚洲为中心。我国有4属4～5种:山瑞鳖(*Palea steindachneri*)、鼋(读音 yuán)(*Pelochelys bibroni*)、斑鼋(*Pelochelys maculatus*)(我国学者提出,一般认为是斑鳖的老年个体)、中华鳖(*Pelodiscus sinensis*)、斯氏鳖(斑鳖)(*Rafetus swinhoei*)。

四、全世界甲鱼的种类

全世界的甲鱼种类很多,大致有以下几种:

美洲鳖属(*Apalone*),又称为滑鳖属。包括 3 种,即佛罗里达鳖(珍珠鳖)(*Apalone ferox*)、美国鳖(滑鳖)(*Apalone mutica*)、东部刺鳖(美国角鳖)(*Apalone spinifera*)。分布于北美,多有人工饲养。其中东部刺鳖有多个亚种,一些亚种十分濒危。

亚洲鳖属(*Amyda*),包括 2 种:(*Amyda cartilaginea*)、中南半岛大鳖(*Amyda nakornsrithammarajensis*)。分布于印度东北部和缅甸,穿过泰国、马来西亚半岛、新加坡、越南至苏门答腊岛、爪哇和婆罗洲。

马来鳖属(*Dogania*),仅 1 种,即(*Dogania subplana*)。分布于东南亚,

缘板鳖属(*Lissemys*),包括 2 种,即印度缘板鳖(缘板鳖、印度箱鳖)(*Lissemys punctata*)、缅甸缘板鳖(*Lissemys scutata*)。分布于印度和缅甸等地。

缅甸孔雀鳖属(*Nilssonia*),又称为丽鳖属。仅 1 种,即缅甸孔雀鳖(丽鳖)(*Nilssonia formosa*)。分布于东南亚。

印度鳖属(*Aspideretes*),包括 4 种,即恒河鳖(印度鳖)(*Aspideretes gangeticus*)、印度孔雀鳖(宏鳖)(*Aspideretes hurum*)、莱氏鳖(莱氏古鳖)(*Aspideretes leithii*)、黑鳖(*Aspideretes nigricans*)。分布于南亚。

鳖属(*Trionyx*),包括 2 种,即砂鳖(*Trionyx axenar-*

ia)、非洲鳖(*Trionyx triunguis*)。

山瑞鳖属(*Palea*),仅 1 种,山瑞鳖(*Palea steindach-neri*)。我国分布于云南、贵州、广东、海南、广西等省区;国外见于越南。

中华鳖属(*Pelodiscus*),包括 1~2 种:中华鳖(*Pelodiscus sinensis*)、小鳖(*Pelodiscus parviformis*)。中华鳖在我国广泛分布,除新疆、西藏和青海省区外,其他各省均产;国外分布于越南,人们将它引入到了日本、帝汶岛和夏威夷群岛。小鳖系我国学者报道的新种,分布于广西省桂东北及其接壤的湖南省部分县市的湘江上游江段,栖息于清澈透明的水中,底质为沙砾石,小鳖体型大小与砂鳖相似,体背的疣状突起与中华鳖相似,腹面白色或淡黄色,被捕捉时变淡红色。

斑鳖属(*Rafetus*),又称斯氏鳖属。包括 2 种,西亚斑鳖(幼河斑鳖)(*Rafetus euphraticus*)和斑鳖(斯氏鳖)(*Rafetus swinhoei*)。分布于亚洲。

鼋属(*Pelochelys*),一般认为仅 1 种,即鼋(花背鼋)(*Pelochelys bibroni*),分布于我国南方和东南亚,背甲最长可达 1.3 米,是体型最大的鳖类,为我国国家一级保护动物。斑鼋由我国学者提出,但国外学者多认为是斑鳖的老年个体。鼋为我国一级保护动物,目前除浙江的瓯江还有少量残存外,其他地区已经十分罕见。

盘鳖属(*Cyclanorbis*),包括 2 种,即努比亚盘鳖(努比亚缘板鳖)(*Cyclanorbis elegans*)、塞内加尔盘鳖(塞内加尔缘板鳖)(*Cyclanorbis senegalensis*)。分布于非洲。

圆鳖属（*Cycloderma*），包括 2 种，即欧氏圆鳖（*Cycloderma aubryi*）、赞比亚圆鳖（*Cycloderma frenatum*）。分布于非洲。

小头鳖属（*Chitra*），包括 3 种，即泰国小头鳖（*Chitra chitra*）、印度小头鳖（*Chitra indica*）、缅甸小头鳖（*Chitra vandijki*），主要分布于东南亚。

五、中华鳖的特性和地理品系

1. 中华鳖的分布和特性

甲鱼学名中华鳖，又叫鳖、老鳖、团鱼、水鱼、脚鱼。整个身体呈圆盘形，长略大于宽，幼体背甲结节排列成纵行，成体背甲为橄榄色，散布着不规则的条纹或黑色的小斑点，头部呈三角形，顶部具有黑色小斑点。腹甲有 7 个胼胝体，前腹板分离。颚锐利，有肉质唇。体重一般为 1～2 千克。分布于中国、越南、日本等地，我国除新疆、青海和西藏外，其他各地都有分布，尤以长江流域和华南为多。生活于淡水池塘、江河、湖泊中，最适生长温度为 26～32℃，最适繁殖温度为 26～28℃，每年 4～10 月繁殖，通常产卵 5～8 枚，体大者可产卵 20 枚以上，卵呈圆球形，直径为 15～20 毫米，孵化期为 50 天左右。甲鱼是一种杂食性动物，喜食螺、贝、鱼、虾、蠕虫及水生植物，生长快，适应性强，肉味鲜美，是我国主要的养殖鳖科动物。

中华鳖无有效的亚种分化，却存在着地理变异：日本的鳖曾被称为（*T. japonicus*），舟山群岛上的鳖种群也曾被称为（*T. tuberculatus*），现在常把这些种名作为中华鳖的同物异名。中华鳖是一种珍贵的、经济价值很高的水生动物，我国普遍将其作为食用上选的珍品，且用作食疗的滋补食品。过去价格不菲，现已有人工养殖，但野生中华鳖仍被认为比人工饲养的营养价值高，所以捕杀不断。

2. 中华鳖的地理品系

中华鳖是我国目前养殖的主要品种，但由于我国幅员辽阔，南北之间的地理位置、气候差异、环境差异都很大，导致了同为中华鳖在不同的地域中生长，却出现了生长速度、品质、价格等方面的差异性，我们称之为地理品系。

目前我国中华鳖的地理品系主要有黄河品系、太湖品系、洞庭湖品系、北方品系、鄱阳湖品系、台湾品系、西南品系等几种，它们的商品在市场上也因地域品系的不同价格不同，有的甚至相差很大。

3. 黄河品系

主要生长在黄河流域的中华鳖，所以通常称为黄河鳖，主要分布在黄河流域的甘肃、宁夏、河南、山东境内，尤其是以河南、宁夏和山东黄河口的鳖最好，品质最佳。由于特殊的自然环境和气候条件，黄河鳖的优点是裙边宽厚、体积硕大、体色上微微发黄，看起来有黄灿灿的舒服感，很受市场欢迎，生长速度与太湖鳖差不多。

中华鳖在黄河里生长，由于这里的土质都是以黄色土质为主，导致养殖出来的甲鱼体表微黄，现在人们有一种观念,认为这种微黄的鳖是野生鳖的标志,所以市场价格要高一些,也深受北京、天津、上海等市的市场欢迎。有意思的是,当将在黄河流域生长的体长微黄的鳖,移养到其他水体中,很快,它的体色就会慢慢地褪去黄色,和本地生长的鳖颜色一样。

4. 太湖品系

主要生长在太湖流域的中华鳖,主要集中在江苏、浙江、上海和安徽的江南一带,除了具有中华鳖的基本特征外,背上还有 10 个以上的花点,腹部有一个块状花斑,形似戏曲脸谱,所以又称为江南花鳖,它的特点是抗病力强,肉质鲜美,在江、浙、沪一带深受人们的喜爱,是一种值得推广的优质地理品系。

5. 洞庭湖品系

主要生长在洞庭湖流域的中华鳖,分布在湖南、湖北和四川各省部分地区,是一种具有前途的地理品系,在鳖苗阶段它的腹部体色呈橘黄色,它与太湖品系的鳖(江南花鳖)相比较,无论是鳖苗还是成鳖,体色呈桔黄色,体背和腹部都没有花斑,也是我国较有价值的地域中华鳖品系,生长和抗病与太湖鳖差不多。通常又称为湖南鳖。

6. 北方品系

主要分布在河北以北地区,又称为北鳖,体形和普通的中华鳖是一样的,比较耐寒,在 −5～10℃ 的气温中水下越冬,成活率较其他地区的高 35%,是适合在北方和西北地区生长的品系。

7. 鄱阳湖品系

主要分布在鄱阳湖流域的中华鳖,分布在江西、湖北东部和福建北部地区,又称为江西鳖,成体的形态和江南花鳖相似,但是出壳的稚鳖腹部呈橘红色却没有花斑,生长速度也比较快,和太湖鳖差不多。

8. 西南品系

主要分布在西南地区尤其是广西的中华鳖的一个地方品系,由于它的体色较黄,体长圆,腹部无花斑,加之西南部分适宜生长的地区都是黄沙存在,所以又称为黄沙鳖或广西黄沙鳖,这种品系的大鳖体背可见背甲肋板,在有些地区会影响销售形象。在工厂化养殖环境中鳖的体表呈褐色,有几个同心纹状的花斑,腹部有与太湖鳖一样的花斑。这种品系的食性杂、食量大,生长速度非常快,在工厂化环境中比一般中华鳖品系快。

9. 台湾品系

主要生长在我国台湾南部和中部,又称为台湾鳖,体表与形态与太湖鳖差不多,但养成后体高比例大于太湖品系。台湾品系是我国目前工厂化养殖较多的中华鳖地理品系,这是因为它成熟快,一般在 450 克左右就能性成熟,所以适合工厂化小规模商品上市,但不适合野外池塘多年养殖。

10. 杂交鳖

现在有的地方出现一些杂交鳖,也就是一些养殖人员或部分科研人员用不同品系的鳖进行人工杂交,从而产生一种新的鳖品系,这种想法是好的,可以培育成有利基因更加集中的新品种,能体现出杂交一代的优势。缺点是没有一定的论证,容易造成杂交污染,从而可能会对我国的正宗中华鳖造成影响。

11. 白化鳖和黄化鳖

这是一种体色鲜艳夺目、体型相对较小的一些甲鱼,它们是中华鳖的变异现象,由于长期生活环境或是因基的原因,导致产生了白化鳖和黄化鳖,这些鳖因为稀少而且颜色独特而具有一定的观赏价值。

六、山瑞鳖的分布和特性

山瑞鳖又叫水鱼、山瑞、团鱼,是亚热带种类,体型较大,身体呈圆盘形,背甲为深橄榄色,长大于宽,散布着不规则的黑色斑点,随年龄增大,背甲渐近光滑。头部呈三角形,呈淡色,具有黑色杂斑点。背甲的前缘及后部具有大团粗糙瘰粒,且头的两侧有好些疣粒,这些都是种的鉴别特征,腹部呈白色,体积比一般的中华鳖大很多,体重一般 2～3 千克,最大可达 10 千克。分布于中国、越南等地,在我国主要分布在云南、贵州、广西、广东和海南等地,其中以广西最为多见。山瑞鳖喜静、怕光,生活于淡水池塘、江河、湖泊中,由于山瑞鳖的繁殖率很低,所以野生群体数量有逐年减少的趋势,是极危物种,现在属于国家二类保护动物。最主要的原因是大量捕捉及水体受污染。山瑞鳖是一种珍贵的经济动物,过去一些中高档的酒楼、饭店,甲鱼的消费主要以山瑞鳖为主,且需求量大。在两广地区,山瑞鳖作为一种经济资源,过去除供应国内市场需求外,每年还大量出口香港,数量以吨计。

自从 20 世纪 90 年代开始,人工驯养、繁殖山瑞成功后,开始在华南以东地区或温室里进行人工养殖。山瑞鳖性情凶猛,肉食性,喜食鱼、虾、猪肉及其他水生动物、软体动物、甲壳动物,最适生长温度为 28～35℃,最适繁殖温度为 27～29℃,每年 5 月下旬～10 月上旬为繁殖期,每次产卵 5～28 枚,卵直径 22 毫米左右,卵重 13 克。

七、斑鳖的分布和特性

斑鳖是我国极稀有的野生动物之一,是国家一级保护动物,数量稀少极其珍贵,是龟鳖类中最濒危物种之一,它的珍贵程度可以和熊猫相提并论,现在野生几乎绝迹,更谈不上人工养殖了,只有少数几个公园里饲养几只。

斑鳖背盘长 360～570 毫米,背盘宽度仅略小于长度,近圆形。躯体扁平,稍隆起,背面平滑光泽,暗橄榄绿色(或黑绿色),具多数黄色点斑,其间更有无数黄色细点,有时形成包围前述黄色点斑的不规则的一圈;在背甲部分,黄色斑纹形成横竖交织的线纹或放射状纹。头、颈及四肢背面亦为黑绿色,具不规则的大小黄色斑。这种密集的黄色斑纹是斑鳖的特点。据了解,斑鳖目前全球已知存活仅3只,其中苏州动物园1只、越南还剑湖1只、长沙动物园1只。2008年4月美国科学家在越南北部又新发现一只野生斑鳖。目前,长沙的雌性斑鳖已运至苏州,以求繁殖而拯救斑鳖种群。

斑鳖分布于长江下游及太湖周围,生活在江河湖沼中,是底栖动物,以水体中的水生动物为食物。

八、鼋的特点

体大,背甲圆而平。幼体背甲具棱,并有许多小结节,随年龄增大而渐渐消失。背甲骨板均有凹窝。头骨平而宽短,有1个非常短而圆的骨质吻。趾被蹼。

鼋是甲鱼中体形最大的种类,体长80~120厘米,体重50~100千克,最大可超过100千克。栖息于江河、湖泊中,善于钻泥沙,以水生动物为食。1000多年前,鼋广泛分布于我国南方诸省的江河湖泊和溪流深潭中,由于生态环境的变迁,加上人为的肆意捕杀,如今为数不多。

第二节　我国引进的外国甲鱼

在我国养殖的是有一些从国外引进过来的甲鱼。其中驯养、繁殖效果比较好的有来自泰国的泰国鳖、来自日本的日本鳖、来自美国的美国鳖(也叫美洲鳖、平滑鳖)、佛罗里达鳖(又称珍珠鳖)、来自加拿大的角鳖(又称为刺鳖)。

一、日本鳖

这是来自于日本的一个品系,主要分布在日本关东以南的佐贺、大分和福冈等地。据报道和中华鳖是一个品种,在日本又称为日本中华鳖,我国从 1995 年引进养殖,农业部仍定名为中华鳖(日本品系)。

日本鳖的生长速度很快,目前据监测到的数据表明,在同等条件下,它的生长要比其他品系的鳖生长速度要快。更具有比较效益的就是它的性成熟比较晚,例如国产的中华鳖要在 750 克左右就可以产蛋、泰国鳖在 600 克左右产蛋,而日本鳖则要到 1000 克以上才产蛋。同时它的繁殖能力也很强。

日本鳖的抗病能力很强,在养殖过程中很少发生病害,就连最常见的也是最能影响销售的体表腐皮病,也很少发生。

日本鳖的品质也是挺不错的,一般鳖的品质好坏,可以从裙边和它的肥满度来进行鉴别。如果裙边宽厚坚挺、肥满度适中的就是优质鳖,日本鳖就是一种优质鳖。

二、泰国鳖

泰国鳖的体形长圆,肥厚而隆起,背部暗灰色,裙边较小,行动迟缓,不咬人。其外部体色与中华鳖极其相似,只是其腹部花色呈点状,不是块状。

泰国鳖是一种适宜在高温环境下生长的鳖,生长快,喜高温,成熟早,上市早,但肉质差,一般 400 克就开始产卵。通常养殖时在 400～500 克就可以上市,非常适合家庭的饮食需求,所以它最适合在温室内控温直接养成成鳖上市,不适合在温差较大的野外多年养殖。因此前几年我在国发展迅速,曾对我国本土鳖的高价销售造成直接冲击。

泰国鳖在我国养殖时有一个致命的弱点,就是只适合在温室中养殖,这是因为泰国鳖是从泰国引进的,而泰国是地处东南亚温热带地区,这里的天气较热,年平均气温都在 25℃ 以上,长期的高温因素导致了泰国鳖成熟较早,生长个体相对较小,特别是当泰国鳖达到 400 克时就会性成熟,这时的生长速度就会明显减慢,所以它只适合在温室中快速养成 350 克左右的小规格商品上市,而这种小规格商品甲鱼正是华东地区一些城市居民最喜爱食用的规格。所以,无论是从它自身的养殖生长习性还是市场需求,无论是从泰国本土的养殖情况还是在我国的养殖情况来看,泰国鳖在温室中养成小规格的商品还是比较合适的,并不适宜在野外进行大规格养殖或在野外进行自然多年的常规养殖。

三、珍珠鳖

珍珠鳖正式种名为佛罗里达鳖,原产于美国佛罗里达州,在 20 世纪 90 年代初期引入我国,开始在我国养殖还是比较少的,所以产量都还很低。但是比起几乎是同期引进的角鳖和平滑鳖来说,当时珍珠鳖引进的数量是最大的。这种鳖的最大特点是适应性强、生长快、个体大。市场也很受欢迎,虽然价格一般,但由于它的上市规格比较大,可达 10 千克以上,因此一只珍珠鳖的实际售价还是相当可观的。它的主要市场是宾馆、饭店,家庭很少买卖。经过十来年的市场适应以及国内繁殖问题的解决,这种鳖已经在我国形成了一定的生产规模。由于市场的原因,主要是并没有进入寻常百姓家庭的餐桌,所以建议珍珠鳖的养殖还是需要慎重。

随着今后甲鱼加工业的进一步发展,需在甲鱼原料时,这种珍珠鳖可以说是最好的品种之一,从这个意义上来说,只要加工跟得上,珍珠鳖的养殖是大有前途的。

四、角鳖

又称刺鳖,主要生长在美国和加拿大,21 世纪初引入我国,和珍珠鳖一样,也是大型品种,体长可达 45 厘米左右,商品鳖一般也都在 10 千克以上,这种鳖的吻长,形成吻突。背甲椭圆形,背部前缘有刺状小疣,故叫刺鳖。它的主要市场也是餐厅、饭馆和一些水族爱好者买回去做观赏用,因此投资也要慎重。

五、世界其他的甲鱼

甲鱼与乌龟最大的差异就是在于甲壳退化为柔软的肉垫,全世界的甲鱼主要分布在亚洲、非洲及北美洲,约有近 30 种的品种,在爬虫宠物市场上也有一些爱好者喜欢饲养各式各样的甲鱼,现简要介绍几种常见的观赏甲鱼。

1. 亚洲鳖

亚洲鳖的头大。背甲边缘为圆形而不是笔直，且头部相对更窄。背甲伴有1条暗黑色的中央条纹和2或3对黑心的眼斑，幼体中十分清楚但随着生长褪去。腹甲淡黄色或灰色。幼体的眼睛后方有1块微红色的大斑点，成体会消失。成体在甲壳上会长出铰链结构，这大概是为了能使它们躲藏在溪流沿岸的大鹅卵石下。它们栖息于高山溪流中。

2. 马来鳖

马来鳖有一个扁平的、椭圆形的、边缘明显笔直的背甲。头部特别大，长着张猪一样的吻部。背甲表面呈灰绿色或橄榄色，有时伴有黄色边缘的黑色斑点或放射状的条纹，这图案在幼体中十分清楚但随着生长会渐渐消失。腹甲是淡黄色或灰色的。幼体的眼睛后方有1块微红色的大斑点，成体会消失。

和甲鱼一样习性，有喜静怕惊动，也是卵生两栖爬行动物。夜行性，捕食鱼、青蛙、小虾和水生昆虫。马来鳖生活于缅甸南部，南至马来西亚半岛和新加坡，此外还有爪哇群岛、苏门答腊岛、婆罗洲和菲律宾的一些岛屿。肉味鲜美、营养丰富，有清热养阴，平肝熄风，软坚散结的效果。不仅是餐桌上的美味佳肴，而且是一种用途很广的滋补药品和中药材料。

3. 印度鳖

印度鳖的头小、软吻突极短,不到眼径一半。其背甲近似长圆形,革质皮肤,前后缘无疣粒,裙边极短。颈盾可活动,与腹甲前缘闭合;腹甲平坦,前缘呈半圆形,后肢窝的内侧有一对扇形肉质叶,当后肢缩入壳内,整个腹甲可与背甲闭合。四肢的内侧具三爪,指、趾具丰富蹼。尾短,其通体呈橄榄色,腹甲奶白色或淡黄色。

4. 印度缘板鳖

印度缘板鳖的体长约 25 厘米。体盘椭圆形,体表有柔软的皮肤。吻长,形成吻突,其长约与眼径相等。鼻孔位于吻端。腹部有黄白色的斑纹。四肢较扁,指、趾间蹼发达,具爪。头和颈可完全缩入甲内。腹甲的前段和后肢的两侧具有柔软的肉垫,在四肢和头部缩进甲内时肉垫可以盖上。栖息于带有柔软泥底的淡水水域,常见于溪流深处。主要以水中其他小动物为食,偶尔也吃些植物。一般只有产卵时才离水上岸,也会在沙滩上晒太阳。通常在春季交配,5~8 月产卵,每年产卵 3~5 次,每产卵 9~15 枚。卵圆形,白色,孵化期约需要 7 个月,刚出生的幼体约为 5 厘米。

5. 欧氏圆鳖

欧氏圆鳖这个长得像负子蟾又像枫叶龟的怪鳖是盘鳖亚科少数几个现生种中的其中一种,它的腹甲肱盾后方都具有绞链结构,因此腹甲前方可作有限度的开合。

6. 德克萨斯刺鳖

甲色较深,背甲无黑斑,后部满布白色小疣粒,背甲边缘的淡色带在后部变宽。分布于得克萨斯州南部里奥格兰德河下游,亚利桑那州的科罗拉多河水系,新墨西哥州及犹它州西南部。

7. 非洲三爪鳖

体型庞大,成年个体的甲长能达到 1 米以上。四肢、头部和背甲常常带有黄色的小斑点,幼体的斑点极为明显,随着年龄的增加,背甲上的斑点会慢慢减淡或完全退去。非洲鳖多栖息在水流平缓的淡水湖泊和溪流之中。

第三节 甲鱼的形态特征

一、甲鱼形态特征

甲鱼是爬行动物的一种特化,它的外部形态与其他的爬行动物有着显著的区别,就是它们具有略软的外壳,俗称"鳖壳",甲鱼的头、颈、四肢均可缩入甲壳内,甲鱼的躯体扁平,背部略高。外部形态分头、颈、躯干、四肢、尾五个部分。

甲鱼的头很小,呈三角形,头顶部很光滑,后部都有细鳞覆盖。吻尖而突出,吻前端有一对鼻孔,便于伸出水面呼吸。眼小，位于头的两侧。甲鱼的头后部就是颈部，颈部一般都是很长的而且非常有力，而且能伸缩，转动很灵活，大家可能都会在动物园里或放生池里或水族馆里看到许多甲鱼都会伸着长长脖子，这就是甲鱼的颈，它可以作"S"形的扭动弯曲并能自由缩入甲壳内。口较宽，位于头的腹面，上下颚有角质硬鞘，可以咬碎坚硬的食物。口内有短舌，肌肉质，但不能自如伸展，仅能起到帮助吞咽食物作用。

甲鱼的躯干就是它的壳和少数的皮肤，略呈圆形或椭圆形，体表披以柔软的革质皮肤。有背腹二甲，甲鱼的背甲是厚实的皮肤而不是象龟一样呈角质状的盾片，稍凸起周边有柔软的角质裙边，腹甲则呈平板状，二甲的侧面由韧带组织相连。背面通常为暗绿色或黄褐色，上有纵行排列不甚明显的疣粒。腹面为灰白色或黄白色。

甲鱼的四肢扁平粗短，位于身体两侧，能缩入壳内，可分为前肢两只和后肢两只，前肢五指，后肢五趾。四肢的指和趾间生有发达的蹼膜，同时仅有中间的三趾带有角爪，因此它既可以在陆地上爬行，也可以在水本中游泳，在抓到食物时其有力的前肢和利爪还能将大块食物撕碎，便于咬碎吞咽，适应两栖动物的生活习性。

甲鱼的尾部细而短，呈圆锥形。

二、甲鱼器官系统

甲鱼经过若干世纪的演化，为了适应周围的生存环境，它也形成一套比较完善的特有的内部系统，这套系统包括骨骼系统、肌肉系统、消化系统、循环系统、呼吸系统、神经系统、生殖系统、排泄系统和感觉器官等。

1. 骨骼系统

骨骼系统是构成甲鱼身体的基本轮廓,同时也是支持它们的体重,它分为中轴骨骼和附肢骨骼,中轴骨骼包括脊柱、胸骨、肋骨和头骨,附肢骨骼包括肩带和腰带。

2. 肌肉系统

肌肉系统是甲鱼实现运动功能的动力部分,与背甲和腹甲连接,能够自由伸缩。

3. 消化系统

消化系统是甲鱼摄取食物、吞咽食物、消化食物的部位,包括消化管和消化腺两部分。

4. 循环系统

甲鱼的循环系统都是属于不完全的双循环,包括心脏供血、动脉系统保持血液的输送、静脉系统保证血液的回流,还有淋巴管腔也起着很重要的作用。

5. 神经系统

甲鱼的神经系统在它们的生命活动中起着协调的作用,可以分为中枢神经系统和外周神经系统。

6. 排泄系统

甲鱼的排泄系统包括肾脏、输尿管和膀胱等器官。肾脏是甲鱼的主要排泄器官,也是甲鱼最重要的器官之一,它具有调节液体平衡和排除代谢废物的功能。和爬行动物一样,甲鱼的肾脏也是两个,成对地排列在体腔后端的背壁,解剖来看,是呈红褐色,形状是扁椭圆形,表面密布沟纹,对泌尿有重要作用。左右肾各有一条输尿管,通往膀胱,膀胱与泄殖腔相连。

7. 感觉器官

甲鱼的感觉器官包括发达的嗅觉、迟钝的听觉和视野很广的视觉。

甲鱼的嗅觉:在所有的感觉器官中,甲鱼的嗅觉是非常重要的,它们的摄食基本是靠嗅觉来发现食物的。甲鱼的头部有两个鼻孔,但只有一个鼻腔,鼻孔内骨块上均覆有上皮黏膜,有嗅觉功能。其中梨鼻器是它们主要的嗅觉器官。因此甲鱼在寻找食物或爬行时,总是将头颈伸得很长,以探索气味,再决定前进的方向。

甲鱼的视觉:甲鱼的视觉器官就是眼睛,甲鱼的眼睛构造很典型,它的角膜凸圆,晶状体更圆,且睫状肌发达,可以调节晶状体的弧度来调整视距,所以甲鱼的视野虽然很广,但是清晰度却比较差。

甲鱼的听觉:甲鱼的听觉是不发达的,一般说来,甲鱼几乎被认为是既哑又聋的动物。

8. 生殖系统

甲鱼的生殖系统可分为雌性生殖系统和雄性生殖系统,通过生殖系统完成甲鱼的正常生殖功能和种族繁衍的功能。精子在雌性输卵管中可存活很长的时间,逗留两三年后精子还有很强的活力。

9. 呼吸系统

甲鱼的呼吸系统比较发达,包括呼吸道和肺两部分,由于它们是爬行动物,主要是以肺呼吸,它的一对肺较大,紧贴背甲的内侧,靠腹壁及附肢肌肉的活动改变体内压力从而使肺扩张,压缩起到呼吸作用。

我们在平时能看到,甲鱼离开水体后,很久都不会死亡,这是为什么呢? 首先是甲鱼具有发达的肺,这也是甲鱼呼吸系统中主要的部分;其次是甲鱼的口咽腔和膀胱壁的黏膜上都有丰富众多的微血管,这些微血管在不断地吸水和排水的过程中,都可以从水中获得氧气并排出二氧化碳起到辅助呼吸的作用;再次就是甲鱼的上、下颚上有丰富的突起,这些突起就像毛刷一样,它也能行使呼吸的功能;最后就是肠也具有呼吸功能,和泥鳅一样,甲鱼在冬眠时,也能利用肠道中丰富的微血管进行肠呼吸。

正因为甲鱼具有多样的呼吸系统,加上长期的进化过程中形成的较低的代谢水平和较缓的心跳优势,另外甲鱼还具有在缺氧时能通过身体内的理化反应将糖酵解,从而获得能量的生理特性,因此对低氧的忍耐能力非常强,能在离水很久的情况下也不死,当然它也能在水底维持较长的时间才需露出水面呼吸。

10. 免疫系统

甲鱼的免疫器官主要有胸腺和脾脏。胸腺位于颈下部两侧,甲鱼身体中的胸腺大小随年龄和季节而变化。一般在3～4龄间体积大结构紧凑,4龄以上胸腺开始退化;在10月至第二年的1月胸腺退化,春末夏初则相应发达。脾脏位于胃的左上方,也随季节变化,5～10月较发达,冬季相对萎缩。

第四节　甲鱼的生物学特性

一、甲鱼的栖息环境

甲鱼具有水陆两栖性的特点,它们不但可以生活在水中的爬行动物,也是可以短时间在陆上生活的动物。甲鱼是用肺呼吸的,所以时而潜入水中或伏于水底泥沙中,时而浮到水面,伸出吻尖进行呼吸。夜晚又喜欢到陆地上寻找食物,而且性成熟的甲鱼又将卵产在松软的陆地上,不需要经过完全水生的阶段,因此它是水陆两栖的。

在自然界中,甲鱼喜欢栖息在水质清新良好、溶氧丰富、底质为泥沙的湖泊、江河、池塘、水库和山涧溪流、沼泽地等淡水水域的僻静处。甲鱼是变温动物,对外界温度变化很敏感,其生活规律和外界温度变化密切相关。夏季,喜欢在泥滩上、岸边树荫下、岩石边水草茂盛的浅水处活动、觅食。甲鱼的活动规律和栖息环境随季节、气温的变化而变化。夏季天气炎热时多栖息活动在阴凉、水深处，深秋、冬季潜伏在向阳的水底泥沙或洞穴内。故渔谚对甲鱼有"春天发水走上滩，夏日炎炎潜柳湾，秋天凉爽入石洞，冬季寒冷钻深潭"的说法。

甲鱼的生活习性还具有"四喜、四怕"，即一是喜阳怕风，在晴暖无风天气，尤其在中午太阳光线强时，它常爬到岸边沙滩或露出水面的岩石上"晒背"。二是喜静怕惊，稍有惊动便迅速潜入水中，多在傍晚出穴活动，寻找食物。黎明前再返回穴中。刮风下雨天很少外出活动。三是喜洁怕脏，甲鱼喜欢栖息在清洁的活水中，水质不洁容易引起各种疾病发生。四是喜温怕异，喜欢相对适宜的恒温条件，避免异常的温度条件。

在大面积人工养殖甲鱼时，最适宜的环境就是营造半水半岸的地带，因而大量养殖时最好选择水塘周围或旁边有部分沙滩或低岸的地方，让其有舒适的栖息环境，有利于其健壮的成长。家庭饲养虽可用缸、盆等器皿，但如有条件在庭院内挖筑成半水半岸的水池，则更能适合其生长的要求。

二、甲鱼对盐度的敏感性

甲鱼对环境中的盐度十分敏感，只能在淡水中生活，这可能与它长期生活在含盐极低的溪河和淡水湖泊中有关。试验表明，在盐度 $15°$ 的水体中，甲鱼 24 小时内全部死亡;在盐度为 5°的咸淡水中仅能活 4 个月。在盐度较高且没有淡化能力的盐碱地、沿海边是不适宜养殖甲鱼的。

三、甲鱼对温度变化的适应能力

甲鱼是变温动物,它的新陈代谢所产的热量有限,而且又缺乏保留住体内产生热的控制机制,因此它的生活与环境中的温度关系十分密切,对环境温度的变化反应非常灵敏,生存活动完全受环境温度的制约,因此温度也是影响甲鱼生长的主要因素之一。由于它本身没有调节体温的功能,一般体温与环境温度的差异约为 0.5～1℃,对环境温度的变化极为敏感。甲鱼的最适生长温度为 26～32℃,此时摄食力最强,生长最快,最适繁殖温度为 26～28℃。温度高于 35℃或低于 20℃,其生长受抑制。为了克服这一缺陷,在自然状态下甲鱼靠的是找凉或热的地方来控制每天体温的波动,在人工饲养下时,应避免甲鱼的环境温度过高过低或大幅度波动,所以环境温度的变化直接决定了甲鱼的摄食、活动、产卵等行为。

长江中下游地区,甲鱼一般从 11 月中下旬温度低于 15℃时基本停食,而当温度达到 10℃时,就会停止活动进入冬眠,此时常常静卧水底淤泥或有覆盖物的松土中冬眠,在自然界中,甲鱼的冬眠期可达半年左右,至翌年 4 月上旬水温回升到 15℃以上时开始复苏,冬眠期为 5 个月左右。甲鱼越冬后体重降低 10%～15%。体质虚弱、营养不良的个体,特别是越冬前不久才孵出的稚甲鱼,体内积贮的营养物质少,往往会被冻死。

在一年中,适于甲鱼生长的时间较短。在自然条件下,我国长江流域地区,甲鱼的全年适宜生长时间也不超过3个月,因此甲鱼的生长速度较慢。另一方面,由于各地最适生长的时间长短不一,造成甲鱼的生长速度存在地域性差异。以个体长到500克为例,在台湾南部和海南岛仅需2年;台湾北部和华南地区需3～4年。如果用温室常年在温水条件下饲养,甲鱼不进行冬眠,其生长速度大大加快,一般2年时间即可达500克左右。养甲鱼成功经验之一是将养殖池水温常年控制在30℃,养殖隔年孵出的稚甲鱼,只需14～15个月,甲鱼的体重可达600克左右。

甲鱼的冬眠习性是其对恶劣环境的一种适应,是为求生存而形成的一种保护性功能。因此,通过人工控温可以改变这种习性,这使缩短养殖周期、快速养甲鱼成为可能。当然,当温度高于35℃时,甲鱼的活动和吃食也会受到影响,当温度持续升温到40℃以上时,它就会停止吃食并减少活动,同时潜入水底或阴凉处进入"避暑"状态。

四、甲鱼的生活习性

甲鱼喜静怕闹,易受惊吓,对声响和移动物体极为敏感,一遇风吹草动就会迅速潜入水中。例如汽车的轰鸣声、飞机的声音、马达的声音、喇叭的声音和机械刺耳的撞击声,都会影响甲鱼的正常栖息和觅食行为。但是它对那些有规律的、声音较轻的环境适应能力很强,例如在优美动听的音乐声音中,它会很快适应而不躲避,所以有专家研究利用音乐来促进甲鱼的生长、发育和繁殖。还有一个有趣的现象就是在大自然中夜晚发出的虫鸣蛙叫声,甲鱼对它一点都不感到反感,反而有一种安全感。

同类之间常常会因争抢食物、配偶及栖息场所,而伸长头颈相互攻击、厮咬,在食物较少时,也会发生大甲鱼吃小甲鱼、健壮甲鱼残食瘦弱甲鱼的现象。

甲鱼在水中呼吸频率随温度的升降而增减,一般1次/3~5分钟,如遇环境突变或特殊情况,呼吸频率会大大下降。甲鱼在水中潜伏时间可达6~16小时。长时间潜伏时,甲鱼主要利用咽喉部的鳃状组织与水体进行气体交换。

甲鱼的另一特性是晒背。自然环境中的野生甲鱼,天气晴朗,阳光强烈时,甲鱼便爬到安静的滩地、岩石上晒太阳,即使在炎热的夏季也会大胆地爬到发烫的岩石上晒背,直到背腹甲的水分晒干、体温提高为止。甲鱼在晒背时头、颈、四肢充分伸展,尾部对着阳光,每次持续时间45分钟左右。晒背有助于提高体温,加强体内血液循环和加快消化吸收,并能起到杀菌洁肤的作用,使体外寄生虫无法生存,还可促使革质皮肤增厚和变硬。

五、甲鱼的逃跑能力

甲鱼能适应短时间在陆地上生存,所以它的逃跑能力很强,特别是在夜间它喜欢顺流爬行,如果是雨天,就会随着河水径流迁移,严重的会导致养殖池中的甲鱼能逃光,因此在养殖过程中必须做好防逃设施和雨天的检查措施。

六、甲鱼的食性

甲鱼是一种典型的杂食性动物,食谱很广,大多数人和畜类、鱼类能食用的原料,都可以用来给甲鱼做成配合饲料或直接投喂甲鱼。动物性饲料主要是昆虫、小鱼、虾、螺、蛳、蚌、蚬蛤、蚯蚓、动物内脏、瘦肉等;植物性饲料主要为植物茎叶、浮萍、瓜果类、蔬菜、杂草种子、谷物类等。不同的生长阶段,甲鱼对食物的喜好也有一定的差别。稚甲鱼喜欢食小鱼、小虾、水生昆虫、蚯蚓、水蚤等。幼甲鱼与商品甲鱼喜欢食虾、蚬、蚌、泥鳅、蜗牛、鱼、螺蛳、动物尸体等,也食腐败的植物及幼嫩的水草、瓜果、蔬菜、谷类等植物性饵料。甲鱼的耐饥饿能力强,数月不食也不致饿死。另外甲鱼对一些腥味、血味和其他一些气味特别敏感,因此在配制饲料时,就要做到饲料有一定的腥味,这对吸引甲鱼前来摄食是大有好处的,但是如果饲料里大蒜或气味很浓的中草药存在时,就会直接影响甲鱼的摄食。

七、甲鱼的生长

1. 甲鱼的生长速度

甲鱼的生长发育直接受温度的影响,因此温度是导致甲鱼生长快慢的主要因素之一。甲鱼的适宜生长温度为25～35℃,最适生长温度为28～31℃,此时摄食力最强,新陈代谢最快,生长速度最快,反应也最灵敏。温度过高或过低都会影响它的生长发育,如果温度高于35℃或低于

25℃,其生长受抑制。所以说,在一年的自然环境中,适于甲鱼生长的时间是比较短的。在我国长江流域地区,甲鱼的全年适宜生长时间也不超过 3 个月。因此甲鱼的生长速度较慢,而且由于各地最适生长的时间长短不一,造成了甲鱼的生长速度存在地域性差异。以个体长到 500 克为例,在台湾南部和海南岛仅需 2 年;台湾北部和华南地区需 3～4 年。以长江流域为例,在自然状态下,刚孵出的稚甲鱼体重约 3.75 克;到当年年底体重可达到 5～15 克,平均为 6.8 克;到第二年年底体重达 50～100 克,平均为 94 克;到第三年年底体重达 100～250 克,平均为 225 克;到第四年年底,体重达 400～500 克,平均为 450 克(表 1-1)。

表 1-1　甲鱼生长情况一览

年限	体重(克)	平均体重(克)
刚孵出的稚甲鱼	3.75	3.75
第一年年底	5～15	6.8
第二年年底	50～100	94
第三年年底	100～250	225
第四年年底	400～500	450

2. 甲鱼的生长特点

甲鱼的生长呈现出以下几个显著的特点。

一是甲鱼的生长速度在不同年龄阶段有显著差异。

无论是什么地方,也不论是什么地理品系的甲鱼,在不同的年龄它的生长速度是不一样的,以长江流域的甲鱼为例,当年甲鱼体重可达5～15克,2龄重50～100克,3龄重100～250克,4龄重400～500克,5龄重600～800克;5龄以后生长速度显著减慢。

二是雌雄不同的甲鱼生长速度也有显著差异。根据研究表明,体重在100～300克,雌甲鱼的生长速度明显快于雄甲鱼;300～400克,两者的生长速度基本相似;400～500克,雄甲鱼则比雌甲鱼生长速度快;500～700克,雄甲鱼生长更快,几乎比雌甲鱼快1倍;在700～1400克,雄甲鱼生长速度减慢,雌甲鱼生长速度则更慢。

三是同源稚甲鱼在相同饲养条件下生长速度也有差异。这与卵粒的大小、稚甲鱼个体轻重以及争食能力的强弱等因素密切相关。体重大小有时可相差1～4倍。因此,人工繁殖时必须选择个体大的甲鱼亲本,产出大的卵粒,为繁育健壮的稚甲鱼打下基础。人工饲养过程中,必须按甲鱼的个体大小及时分级、分池饲养,保持同池中甲鱼的规格一致,这是促进甲鱼生长的一项重要措施。

八、甲鱼的繁殖习性

甲鱼是卵生性的,所有甲鱼的卵都产生在潮湿温暖的陆地卵穴里,卵穴呈锅状,上大下小。甲鱼产卵时间都在每年5～10月,产卵时,若受惊动也不爬动,直到产完卵为止。每次产卵少则3枚,最多达10余枚,产卵的数量随着雌甲鱼年龄的增加而增加。甲鱼没有护卵的习性,产完卵后,用沙土覆盖就走了,不再关心它们所产的卵。在自然界中,甲鱼卵的孵化完全依赖自然界的光、热、雨水及沙土的温暖。因此在自然界中,甲鱼卵的孵化率及幼甲鱼的成活率是比较低的。甲鱼卵的孵化期与气温有着密切的关系,若天气暖热,孵化期短;若天气凉爽,则孵化期相对长一些。甲鱼卵孵化温度为 22～36℃,最适温度是 30～32℃,低于 22℃时胚胎发育停止,高于 38℃时会致死。甲鱼卵在孵化过程中对温度变化极为敏感,每变动 1℃也显著影响胚胎发育速度,一般 22～26℃条件下,胚胎发育时间为 60～70 天;33～34℃条件下为 37～43 天,30℃恒温下约需 40～50 天。

第五节　甲鱼的价值

一、甲鱼的食用价值

甲鱼的营养价值受到世人公认,是水产品中的珍品,是深受人们欢迎和喜爱的食品,它不但味道鲜美、高蛋白、低脂肪,而且是含有多种维生素和微量元素的滋补珍品。甲鱼的脂肪以不饱和脂肪酸为主,占 75.43%,其中高度不饱和脂肪酸占 32.4%,是牛肉的 6.54 倍,罗非鱼的 2.54 倍,铁等微量元素是其他食品的几倍甚至几十倍。人类食用甲鱼肉已有悠久的历史,甲鱼是现在红白喜事的宴席上不可缺少的一个佳肴,尤其是它的裙边,丰腴滑嫩,人人都爱吃。

二、甲鱼的药用保健价值

甲鱼浑身都是宝,甲鱼的头、甲、骨、肉、卵、胆、脂肪均可入药,甲鱼富含维生素 A、维生素 E、胶原蛋白和多种氨基酸、不饱和脂肪酸、微量元素,能提高人体免疫功能,促进新陈代谢,增强人体的抗病能力,有养颜美容和延缓衰老的作用,自古以来就被人们视为滋补的营养保健品。在我国很早以前的记载中就有"鳖可补痨伤,壮阳气,大补阴之不足",《名医别录》中称甲鱼肉有补中益气之功效。据《本草纲目》记载,甲鱼肉有滋阴补肾,清热消淤,健脾健胃等多种功效,可治虚劳盗汗,阴虚阳亢,腰酸腿疼,久病泄泻,小儿惊痫,妇女闭经、难产等症。《日用本草》认为,甲鱼血外敷能治面神经,可除中风口渴,虚劳潮热,并可治疗骨结核。

甲鱼肉及其提取物能有效地预防和抑制肝癌、胃癌、急性淋巴性白血病,并用于防治因放疗、化疗引起的虚弱、贫血、白细胞减少等症;甲鱼有较好的净血作用,常食者可降低血胆固醇,因而对高血压、冠心病患者有益。同时对肺结核、贫血、体质虚弱等多种病患亦有一定的辅助疗效。当年辽宁中长跑教练马骏仁培养的"东方神鹿"王军霞取得了世界长跑冠军,她们的保健品就是中华鳖精。

第六节　甲鱼的养殖方式

我国对甲鱼的养殖历史也很悠久,但是养殖的种类还是以中华鳖为主,其次是山瑞鳖,近年来泰国鳖、日本鳖和美国鳖(主要是珍珠鳖)也先后走到我国养殖者面前。20世纪 70 年代开始,我国进行了一系列的甲鱼养殖试验,取得了一些成绩,但那时的购买力有限,因此市场需求量不大;从 20 世纪 80 年代开始,随着改革开放的深入,人们口袋里的钱多了起来,对甲鱼的需求量急剧上升;20 世纪 90年代,市场对甲鱼的需求量更大,市场处于供不应求的状况,人工池塘养殖得到迅速发展,工厂化养殖也得到快速发展,一些养殖技术也在全国得到推广,此时在 1996 年价格达到高峰,价格直逼 600 元/千克。随后价格就一落千丈,回归理性的价位。

一、甲鱼的高效养殖

1. 甲鱼高效养殖的概念

甲鱼高效养殖是目前甲鱼养殖的新概念,它不仅仅是指养殖甲鱼能取得高产量,还要求甲鱼养殖在效益上有新的突破,也就是养殖甲鱼的目的是什么的新问题,这个问题当然包括经济效益,但更重要的还是生态效益、环保效益和社会效益。作为最理想的甲鱼高效养殖应包含以下几个方面的内容:养殖环境应该是有洁净的水体,适合甲鱼生长发育的泥沙底质和促进甲鱼生长的水温,也就是通过温度、光照、水体生物结构、水中二氧化碳和氧气的平衡、氨氮物质的积累等生态因子,通过科学的经营管理,建立起接近甲鱼生态环境的稳定且良性循环的养殖水体,从

而为甲鱼营造理想的生长环境,进而实现理想的养殖
效益。

2. 甲鱼高效养殖的具体体现

根据多年在基层为水产做服务工作的经验,我们认为
甲鱼的高效养殖就是一项获利和环境保护相结合的技术
工程,生产的整体效益包括甲鱼饲养后所取得的经济效
益、社会效益和生态效益。

经济效益:生产出来的甲鱼是否有市场,即养殖甲鱼
的价格和销路是否有保证,它是甲鱼养殖的首要依据。要
求甲鱼必须是能产生较高经济效益的养殖品种,同时还要
有提高附加值的能力。

社会效益:也就是养殖后的甲鱼不仅能高产、优质,而
且还能为均衡上市创造条件,更重要的是能为社会提供优
质放心的优质甲鱼产品,满足市场对甲鱼的消费需求,同
时还能增加社会就业和带动农民增收致富。

生态效益:甲鱼高效养殖无论从设计到生产,都要考
虑对养殖中对环境的影响,一定要做到不能对当地的自然
环境产生负面影响和破坏当地的生物多样性,同时在养殖
过程中能充分利用自然资源,节约能源,循环利用废物,提
高水体利用率和生产力,改善水环境等特性。在养殖技术
上,通过混养搭配、提供合适的饵料等措施,保持养殖水体
和周围环境的生态平衡,提高生态效益,促使养殖生产的
持续稳定发展。

为使上述三个效益密切结合,我国渔业科技工作者在

总结传统的农、牧、渔业三结合的基础上,创造性地把甲鱼养殖、种植、畜牧、加工、环保、营销等行业结合起来,形成水陆结合的多元化的复合生态养鱼模式,不仅要使经济效益、社会效益、生态效益互相渗透,互相促进,密切联系,而且通过整体优化,达到了高产、优质、低耗、高效、无污染、多产品的目标,使水产养殖业保持可持续发展,进一步发挥了生产的整体效益。

二、甲鱼的集约化养殖

甲鱼的集约化养殖就是在高密度条件下进行的一种养殖方式,这种养殖的特点就是养殖水体的负荷量大,在有限的空间放养众多的甲鱼这一单一的水产品,一定会影响养殖系统的生态平衡。再加上大量的投喂饵料,所产生的排泄物及残饵,超过自然菌丛的代谢能力,使得有机物不能完全分解而积累于池底,并慢慢使水质逐步恶化,导致甲鱼养殖中发病率较高,养殖效益逐年降低。为了改善养殖环境,甲鱼的集约化养殖场一般多采用频繁换水和使用化学水质改良剂来调控水质,而排放养殖污水不仅浪费大量的水资源,并且这类污水具有很强污染性,若直接排入承接水体会引起富营养化,污染水源,恶化环境,造成更加严重后果。另外过多换水造成养殖水环境的频繁变化,使甲鱼经常处于反复应激的状态中,对它的摄食和生长极为不利。

池塘高密度养殖和温室恒温养殖甲鱼就是明显的集约化养殖方式。

三、甲鱼的生态养殖

生态养殖甲鱼应该是目前最先进的养殖模式了,生态养殖就是通过影响养殖的各种生态因子,采取适当的技术手段,使养殖污水得到循环利用,减少环境污染,建立起接近甲鱼自然生长状态下的生态环境,而且能形成一种稳定的良性循环的养殖水体,实现甲鱼养殖产业的可持续发展。

例如采取底泥—果蔬—甲鱼—泥鳅的生态养殖方式就是非常成功的例子,甲鱼养殖场经过养殖后,把池塘里的含有机质非常丰富的塘泥清理出来,覆盖在池埂上,并在塘埂上用底泥种植果蔬,一方面是充分利用了底泥,减少了池塘底泥病菌的蔓延,减缓了水质恶化的速度,另一方面为甲鱼提供了新鲜的果蔬青饲料,实现了底泥—果蔬—甲鱼的链式生产;水中混养泥鳅优化了原来甲鱼单一品种养殖模式,泥鳅不但能摄食水中剩饵、有机碎屑,起到调节水质作用,而且还能为甲鱼提供鲜活的动物性饵料,这种生态养殖的模式实现了低碳、健康、高效养殖,因此,甲鱼生物链生态养殖模式将是今后甲鱼养殖的方向。

四、甲鱼的标准化养殖

甲鱼的标准化养殖就是从甲鱼的亲本准备、繁育过程、苗种生产、养殖水体或温室的准备、饵料的供应等各个方环节,都是采取甲鱼行业内的相关标准化的要求来进行。这种标准化养殖可以实现甲鱼的规模化、集约化养殖生产,不但大大提高了甲鱼的养殖产量,也大大提高了甲鱼产品的质量,拓宽了销路,成为渔业增效、渔户增收的一条有效途径。

五、甲鱼的无公害养殖

甲鱼的无公害养殖实际上就是健康养殖,就是根据甲鱼的生物学特性,运用生理学、生态学、营养学原理来指导养殖生产的一系列系统的原理、技术和方法,无公害养殖要求严格控制农药的使用,所用药品必须是国家允许使用的渔药,而且要严格掌握用药量,减少药残或无药物残留,在养殖过程中符合相关规定,不但要保护甲鱼的健康,还要从保护人类健康的角度出发来生产出安全营养的甲鱼产品。无公害养殖出来的产品是需要通过无公害的认证,只有认证后的甲鱼,才能称为无公害甲鱼。

六、甲鱼的绿色养殖

绿色甲鱼养殖技术是指在良好渔业生态环境下进行的无污染、安全、优质的甲鱼产品生产的养殖技术。生产的绿色水产品,应该是无有害化学残留物质,符合绿色食品质量和卫生标准要求,对人类健康有益无害的营养水产品。同时,在水产品生产过程中,必须运用先进的养殖技术,控制养殖过程中可能接受到的污染。绿色甲鱼产品是一种没有受到污染及没有化学品残留的水产品,不但表现在甲鱼的养殖领域,而且还要求在甲鱼产品的流通以及消费领域都是绿色的健康的。绿色甲鱼养殖是从水环境起始,包括了饲料、药物、生态环境、食品工程多环节的综合复杂的质量控制过程。进行绿色水产养殖,要有一个良好的渔业生态环境,必须发展生态农业、生态渔业,控制使用给大气和水质造成污染的化肥和农药,采用生物防治病虫害。

推广绿色甲鱼养殖技术意义重大。从投资的角度看,推广绿色水产养殖技术关键是要有一个良好的渔业生态环境,而创造这样的环境,距离城市相对较远的农村中的水体要比城郊或城市内的养殖水域投资小、成本低、效益高。由于农村污染源头相对较少,虽然有污染,但不需专门的水质净化设备,只要采取有效措施,减少有害化肥农药的使用,采用生物防治病害,使用绿色有机饲料等措施即可节省巨额投资,造就一个良好的渔业生态环境。同时,由于绿色水产品是无污染、优质、安全的营养水产品,其品质较一般水产品高,其价值也比同类水产品大。

七、甲鱼的常规养殖

甲鱼的常规养殖又称为常温养殖或自然养殖,这是人工养殖甲鱼初期的传统方法,也就是从稚甲鱼到商品甲鱼的整个饲养过程都是在自然温度下进行的。在养甲鱼业发达的国家如日本,现在很少用这种方法养甲鱼。

这种养殖方式下,甲鱼的饲养完全在自然条件下进行,除了做好防逃设施和人工投喂饲料外,水温的变化完全受当地气候条件制约。由于甲鱼真正吃食并快速生长期间要求水温 25～30℃,所以多数地区一年中适于甲鱼自然养殖生长的时间不太长,大致一年只有 4～6 个月生长时间,南方稍长,北方还不到 4 个月。由于每年的生长期短促,要将甲鱼从出壳到养成商品规格要经过几个冬眠期。往往经过 4～5 年的养殖时间才能出池。

八、甲鱼的温室养殖

甲鱼的温室养殖也叫甲鱼的设施养殖或工厂化控温养殖甲鱼或快速养殖甲鱼,是指通过人工控制温室的温度来达到人为打破甲鱼的休眠期的目的,最早是日本人设想并开发了一种常年保持水温在 30℃,不让甲鱼冬眠的饲养方法,这样就可以人为地延长它的生长周期,另外适宜且恒定的温度可加大甲鱼的摄食欲望,因此它可以使甲鱼生长速度大大加快,一般商品甲鱼要 4～5 年的生长期,经过加温养殖,只要 1 年左右就能达到甲鱼的商品要求,所以,又叫快速养殖法。

我国最早开展甲鱼快速养殖的是浙江省,此项技术目前已在全国普遍推广。温室养甲鱼具有可进行人工快速养殖,能迅速抢占市场的优点,同时还具有单位面积内养殖产量高、养殖周期短和土地利用率高的优势;缺点就是一次性的投资比较大,对养殖技术的要求也比较高,更重要的是养殖好的商品甲鱼的口感稍差,市场价格比野生甲鱼要差得多。

在我国能源(如煤炭)丰富的地区,相当一部分养殖单位或个人都有能力开展,至少可以在甲鱼生长较慢且成活率较低的稚幼体阶段使用,以有效地缩短养殖周期和提高成活率,从而提高养殖的经济效益。

九、甲鱼的两头加温养殖

甲鱼的两头加温养殖通常是用在稚甲鱼的培育上,也就是在稚甲鱼越冬之前和越冬期以后进行加温,来达到缩短越冬期的目的。稚甲鱼在常温条件下,至越冬前,早期孵出的稚甲鱼饲养较好的其体重也不过 10～20 克,而晚期孵出的仅 3～5 克,对不良环境适应力较差。如果再经数月室外越冬,往往会造成严重的后果,体重下降 10%～15%,死亡率高达 70%～80%。存活的甲鱼复苏后一时也难以恢复正常,直接影响下阶段的养殖。因此,稚甲鱼常温越冬要小心管理,凡是有条件的地方,最好采用两头加温法。

两头加温的方式在广东、福建等地尤为适宜,这里的高温期长,寒冷季节相对较少,如当年稚鱼能达到 50 克以上,经过第二年近 8 个月的生长是完全可达到商品规格的,因此养殖户可采用简易塑料大棚保温的方式,先将 5 克左右的稚鱼经过越冬前的一个月和越冬后一个月进行保温养殖,绝大部分均达 50 克以上,再经过 8 个月的室外养殖后均达到 500 克以上的商品规格。

十、甲鱼的两步养殖

两步养殖与两头加温是有区别的,顾名思义,两步养殖就是指甲鱼的养殖可人为地分成两个阶段进行,第一个阶段是在温室里,通过加温和控温的技术,将水温稳定在

30℃左右,为甲鱼提供了适宜的生长温度,打破了甲鱼的冬眠习性,可以快速将稚甲鱼培育成规格为 300 克左右的大规格甲鱼种;第二步就是将这些大规格甲鱼种放到室外进行野外自然养殖,这种养殖方法的优势是兼顾了温室养殖和自然条件下常规养殖的优点,养殖周期要比自然条件下的常规养殖短,产量更高,而质量要比温室养殖的甲鱼好,体色也接近自然甲鱼的体色,口感也非常好,所以价格也接近天然捕捞的野生甲鱼,因此,它要比单纯的温室养殖甲鱼和野外常规养殖甲鱼的效益都高。当然这种养殖方法也有一个缺点就是投资也比较大。

十一、甲鱼的仿野生养殖

仿野生养殖甲鱼就是人为地仿造、模拟野生甲鱼的生活环境,尽可能地满足它的生活条件,提供充足、天然的天然活饵料,让它尽可能地在没有过多干扰的环境中生长,从而获得收益的一种养殖方式。仿野生养殖在某种程度上就是自然的常规养殖,但是与常规养殖不同的是,它的苗种阶段是人工控制条件下进行繁殖、培育的,也就是经过工厂化育苗和专业户批量生产后,经过专门培育,让它达到一定规格后再放养在模仿的野生环境中生长发育。在我国仿野生甲鱼的养殖技术与方法历史不长,还处在初期阶段,还有不少地方在使用这种仿野生甲鱼苗的养殖技术与方法,效益比较高。

十二、"三好甲鱼"的意义

养殖甲鱼要想得到更好的市场占有额，让市场接受你养殖出来的甲鱼，从而获得更大的收益，必须经营好"三好甲鱼"这张牌，也就是要算好账、养好甲鱼、卖上好价钱。

一是算好账：在甲鱼养殖前一定要多看看别人的成功与失败、多了解当前的市场行情、多打打自己心中的小九九，把算盘管精，把账算好。我们发现许多养殖场包括甲鱼养殖场亏损的一个重要原因就是红眼病造成的，一看到别人养甲鱼赚钱了，就认为这个好养，弄点苗种、挖个坑塘、弄点饲料就可以等着数钱了，然后就迫不及待地跟风上马，根本就没有甚至就不会去核算养殖后的市场和成本的变化是否对自己的养殖有利？自己养殖出来的产品定位在哪儿？自己产品的盈利点有多大？这些问题根本就没算好。这种跟风养殖，永远只能做别人的跟屁虫，别人已经把钱赚上腰包了，而等你的产品上市时，却发现并没有你预想的那么美好，最后只能是看着别人赚钱而自己草草收场。

因此在进行甲鱼养殖前，我们一定要先算账，算好账，这些账包括市场行情如何？生产资料的市场变化如何？养殖出来的甲鱼市场价格趋势怎样？心理预期价格是多少？如何控制养殖成本等，只有在确定能赚钱、能盈利的前提下再上马养殖。

二是养好甲鱼：一旦决定上马养殖了，就要全力以赴地把甲鱼养大、养好、养成品牌，只有好的甲鱼，质量高的甲鱼,才能吸引人们的味觉,才能留住客人,尤其是回头客,要知道这些回头客的口碑对于你的生态养殖出来的甲鱼销售是非常重要的。因此我们一定要按照国家的有关食品质量卫生要求和无公害食品养殖方法去操作和生产,尽量少用药,走生态养殖的路子,以高质量、精品甲鱼打响牌子,确保上市的甲鱼不但口味好,而且安全也有保证,这样的甲鱼会没有好价格?会没有好市场吗?

三是卖上好价钱:这是养殖户朋友最期望的结果,虽然古语"酒香不怕巷子深",好的甲鱼产品不怕没有销路,但是由于养殖出来的量大,最好不要积压,要及时地销售出动以尽快地收回资金、盘活资产,所以也要我们认真地研究市场、开发市场、引导市场,让市场能及时地认知自己的甲鱼品牌。因此好的甲鱼生产出来后,要想卖个好价钱,不但要甲鱼质量好、品牌响,也要适时地做一些广告宣传,使自己的好甲鱼能广而告之,扬名市场,就能卖上预期的好价钱了。

十三、养殖甲鱼赚钱的技巧

要想养殖甲鱼赚钱,必须重点抓好以下几点。

(1)选择好正确的品种,这是赚钱的前提

目前市场上甲鱼的地理品系也有好几种,如何选择合适的品种是需要很好地调查研究的,要选择适合本地养殖的甲鱼种类,例如泰国鳖就不适于在长江以北地区养殖,在这里最好选择江南花鳖等品系。

(2)选择好优质的种苗是赚钱的条件

作为养殖用的甲鱼,最好选择外形无伤痕、爪子齐全、反应灵敏的幼体,对于那些有伤的、钓捕的甲鱼则不宜用作苗种养殖。

(3)选择合适的养殖方式是赚钱的基础

养殖户可根据不同的养殖目的而采取不同的养殖方式,通常养殖甲鱼的方式有温棚养殖、季节性暂养、甲鱼和鱼混养、立体养殖、甲鱼和其他动植物综合养殖等。

(4)掌握科学的饲养技术是赚钱的关键

这些科学的养殖技术包括适宜的饲养密度、适口的饲料、营造适宜的生态环境、提高甲鱼亲本的产卵量、受精率、孵化率、稚甲鱼培育的成活率、加温养殖、提供适宜的水温条件、加强对疾病的综合预防等。

第二章　甲鱼赚钱的基础是
繁殖好苗种

甲鱼的繁殖,就是先将选择好的甲鱼雌雄亲本,最好是从野外的自然环境中选择亲本,经过一段时间的驯养和培育后,当它们达到性成熟后,就让雌雄甲鱼亲本进行交配。再让交配好的雌甲鱼母本经过几个阶段的特别培育,主要是产前培育、产中培育和产后培育三个阶段,这时雌甲鱼的亲本的腹部卵细胞会产生两极,当气温适宜时,雌甲鱼就会寻找合适的场所产出受精卵,产卵后,甲鱼亲本(无论是雌甲鱼还是雄甲鱼)都没有护卵孵化的特性,这些产出的卵会在适宜的环境中依赖自然环境中的温度进行孵化,从而产出稚甲鱼,这个过程就叫甲鱼的繁殖。

第一节　甲鱼的繁殖特点

一、甲鱼的性成熟年龄

甲鱼是变温动物,其性成熟年龄与水温条件密切相关。水温越高,它的成熟年龄越短,这是因为不同地区不同气候条件下的有效积温不同,性成熟年龄也不同。而甲鱼要达到性成熟时的有效积温总值基本是一致的,这就是为什么在不同的地区它们性成熟年龄不同的原因所在。

在常温条件下,华北、东北地区甲鱼的个体性成熟需 5～7 年。

因此,无论何地,只需将甲鱼置于人工控制的温室内,甲鱼在 30℃的水温下生长,2 足龄的甲鱼可达性成熟。通常性成熟的最小个体为 500 克左右。

实践表明,个体为 2～3 千克的甲鱼亲本繁殖力最强。因此,在选育甲鱼亲本时,同一年龄的,个体越大,质量越好。

二、甲鱼的发情与交配

甲鱼生长发育到一定年龄后就达到成熟标准,这时雄甲鱼和雌甲鱼就要发情,并发生交配行为,以延续种族。不同的地区,由于温度不同,甲鱼的发情期和发情年龄也有一定的差异,以长江流域地区为例,每当节气过了惊蛰后,水温就会回升到 15℃以上,这时冬眠的甲鱼开始苏醒,恢复摄食。水温上升到 20℃以上时,雌雄甲鱼开始发情并交配,甲鱼的交配期时间一般都很长,一直能延续到 10月。通常 1 年可交配 2～3 次。

雄甲鱼每交配一次,精子能在雌甲鱼的输卵管内生存5 个月以上。即使隔年越冬前交配过的雌甲鱼,以后在无雄甲鱼的情况下,翌年生殖季节产出的卵仍能受精。因此生产上规模养殖时,可以减少雄甲鱼的放养量,以减轻甲鱼亲本囤积而造成的资金压力。

三、甲鱼的产卵

在长江流域,甲鱼在水温达到 20℃ 以上进行交配,在交配半个月后,到 5 月中、下旬开始产卵,8 月中下旬结束。6 月中旬～7 月中、下旬为产卵高峰期。雌甲鱼产卵大多数是在晚上 22 时到翌日凌晨 4 时进行。

雌甲鱼亲本的产卵数量与温度和气候变化密切相关。气温 25～29℃,水温 28～30℃ 是雌甲鱼亲本产卵最适宜的温度。水温 30℃ 以上时,产卵量随温度上升而下降。气温、水温超过 35℃ 时,产卵基本停止。在阴雨连绵,天气过于干燥或水温骤然升降,会推迟或停止产卵。另外雌甲鱼亲本在找窝挖穴时,对产卵场沙层的湿度十分敏感。如产卵场地泥沙板结、干燥,雌雌甲鱼亲本挖穴困难,也会停止产卵。

四、甲鱼卵的特性

甲鱼的卵为多黄卵,无气室。卵子在输卵管上端与精子结合为受精卵。受精卵经过输卵管时,输卵管分泌一层蛋白、壳膜与钙质卵壳,包裹在卵子外围。甲鱼卵的卵径和重量变化幅度较大,卵径一般为 1.5～2.5 厘米,卵重为 3～7 克。

五、甲鱼的产卵次数与产卵量

甲鱼属多次产卵类型,一年产多次卵,一般在产卵季节,每只雌甲鱼能产卵 3 次左右。具体的产卵的次数、每次产卵的数量及卵粒的大小,与雌甲鱼亲本的个体大小、年龄、饵料丰歉以及所处的地理位置等因素密切相关。雌甲鱼每年产卵次数,北方为 2～3 次,长江流域为 3～5 次,在台湾和海南可达 6～7 次。雌甲鱼每次产卵数量相差很大,少则 3 粒,多则数十粒,一般每次产卵 8～15 粒。生产上可通过对甲鱼亲本的强化培育、延长日照时间和升高水温等方法,来提高甲鱼的繁殖力。

第二节   甲鱼的亲本选择

一、甲鱼亲本的来源

甲鱼亲本是指为养殖提供种苗的雌、雄甲鱼,可以在来年进行产卵并顺利孵出稚甲鱼的大甲鱼。优质甲鱼亲本是人工繁殖和养殖成败的关键措施之一,马虎不得。

甲鱼亲本来源有野生甲鱼和养殖甲鱼两种,一般以养殖甲鱼为主。野生甲鱼都是人们在野外捕捉到的,它具有野性强、繁殖率强而且能保持甲鱼的自然特性,养殖场可以考虑在条件许可证下用一部分野生甲鱼来改良种源,在选用野生甲鱼作为甲鱼亲本来源时一定要注意检查,那些用钓、钩、叉或药诱的甲鱼是不适于作甲鱼亲本的。

来自甲鱼养殖场的甲鱼经过长期驯化,已适应人工养殖的生态环境,年龄也容易识别,而且可避免捕捞、运输过程中的损伤。采用养殖甲鱼作甲鱼亲本必须注意以下三点:一是达到正常成熟年龄的个体要大;二是甲鱼亲本的饲料必须以天然饵料和配合饲料相结合；三是体质必须健壮。

二、挑选甲鱼亲本的标准

甲鱼亲本选择是有一定标准的，主要是有以下几条：

1. 外形

亲本进池要进行严格的检查和选择，要求甲鱼亲本的皮肤光亮，外形要求能体现出甲鱼的本身特点，特征完整，体表没有任何伤残，也没有畸变现象，体色自然有光泽，背面体色墨绿色，那些颜色呈暗黑色或枯黑色的不能选用。

2. 行为

供选择的甲鱼亲本必须健壮，行动有活力，反应要相当灵敏，在挑选时可以做个小测试，就是将待选亲本翻过身来，让它腹部朝上，这时看它的反应，如果它能迅速地用伸出四肢扒地，并能灵活地翻过身来，迅速逃走，这种亲本就是优良的。

3. 体重要求

甲鱼亲本是用于繁育后代的，因此对它们的体重是有一定要求的，太大了可能会造成某种程度上的难产，太小了可能还没有成熟。

经过生产实践表明，不同品种的甲鱼亲本，对它们的体重要求也是有一定差别的，例如日本鳖的个体比较大，要求雌雄亲本体重都在 1000 克以上;中华鳖的雌雄亲本都要在 750 克以上;泰国鳖的雌雄亲本都在 500 克左右;珍珠鳖的雌性体重在 1250～2500 克,而雄性则要求达到 1500～3000 克。

4. 年龄要求

性成熟年龄是指甲鱼的性腺开始发育的生理过程,也就是说达到这个年龄时,从理论上讲甲鱼就可以进行繁殖了。但是作为养殖用的甲鱼亲本,其年龄要求与性成熟年龄是不同的两个概念。为了来年养殖提供优质种苗的甲鱼亲本,不仅要求可以繁殖,达到繁殖所需的性成熟年龄,而且要求雌甲鱼的体质好、怀卵量多、产卵量多、卵粒大且饱满、卵的质量好、受精率高,这种高质量的甲鱼卵就为繁衍高质量的后代打下了基础。

甲鱼亲本的产卵量、卵子质量及受精率在一定范围内与亲本的年龄和个体大小呈正相关。所以为了生产的正常进行和经济效益的提高,在选择甲鱼亲本时,要求野生条件下的年龄要求在 6 冬龄以上,以甲鱼达到性成熟年龄后再饲养 2 年作甲鱼亲本为好。如能选择 10 龄以上,则更为理想。

5. 选购时间

采购、调进甲鱼亲本的时间,要根据甲鱼的生态习性和当地温度条件而定。以长江流域为例,通常以 4 月和 11 月为最好。这两段时间池塘水温为 15～25℃,正处于甲鱼亲本产卵之前和产卵之后的时间。4月购回的甲鱼亲本只要稍微适应一下环境和短期驯化培育,即可正常产卵,11月的甲鱼在采购回来后可以快速进入冬眠期,在亲本培养池里适应了环境后,第二年开春后就能快速进入产卵状态。在高温季节和严寒季节,都要禁止采购和运输甲鱼亲本,目的是为了防止晒死或冻伤亲本,以免造成损失。

6. 不能选用亲本的甲鱼

我们在为甲鱼挑选供繁殖用的亲本时,有一点就是要注意商品甲鱼和走私甲鱼不能用作甲鱼的苗种,一是有病伤、有缺点的商品甲鱼是不能做甲鱼亲本的;二是经过长途运输的走私甲鱼,在运输中,经颠簸、挤压、摩擦、干饿与闷气后,可能受到极大的伤害,体质严重下降,还可能带有各种病菌,对人畜造成危害,质量不能保证,在两年内不能选做甲鱼亲本;三是一些境外走私甲鱼本身就不适应我国养殖环境,当然也不能做甲鱼亲本。

三、鉴别甲鱼的雌、雄性别

雌雄甲鱼的外形鉴别,可以从尾部、背甲形状、身体形态等特征加以辨认。

1. 从尾部特征来鉴别

从尾部来鉴别雌、雄甲鱼,这是它们最显著的鉴别标志。雄甲鱼的尾较长而尖,明显超出甲鱼后端的裙边或与裙边持平,可以自然伸出裙边外;而雌甲鱼的尾短,只稍露出于后端裙边,不能自然伸出裙边外。

2. 从背甲来鉴别

雌甲鱼的背甲近似圆形的椭圆形,而雄甲鱼是呈后端较前端宽的长椭圆形。

3. 从腹甲来鉴别

雌甲鱼的腹甲是呈"十"字形;而雄甲鱼则呈"曲王"形。

4. 从体高来鉴别

同一年龄的雌雄甲鱼,雌甲鱼的体高较高,整体厚;而雄甲鱼则较薄。

5. 从身体后部来鉴别

雌甲鱼较宽;而雄甲鱼则较窄。

6. 从后腿间距离来鉴别

雌甲鱼的距离较宽;而雄甲鱼则较窄。

四、甲鱼亲本的雌雄比例(表 2-1)

1. 合适的雌雄比例

由于甲鱼的精子通过交配进入雌甲鱼输卵管中,不会马上失去活力,它会在雌甲鱼的体内能存活很长时间,在这个存活期间,精子仍然具有受精能力,一遇到卵子就会立即受精并进一步发育成受精卵。成熟的甲鱼亲本雌雄搭配比例是否合理,会直接关系到甲鱼亲本的培育成活率、甲鱼卵的受精率等,所以,合理搭配好甲鱼亲本的雌雄比例是十分重要的。在生产上,为了降低生产成本,通常采用"一夫多妻"制,也就是将雌雄甲鱼亲本的比例为4～5：1最佳,但是由于不同品种的甲鱼,它们的生理特性还是有一点区别的,因此它们对雌雄性比搭配的要求也有一定差别。

2. 中华鳖的雌雄比例

中华鳖中太湖品系、洞庭湖品系、鄱阳湖品系以及黄河品系的甲鱼,它亲本的体重在 750～1000 克时,雌雄比例为 4：1 合适;当它们亲本的体重在 1000 克以上时,雌雄比例为 5：1 合适。

中华鳖中的西南品系(即黄沙鳖),当它们亲本的体重在 1000～1500 克时,雌雄比例为 5：1 合适;当它们亲本的体重在 1500～2000 克时,雌雄比例为 6：1 合适;当它们亲本的体重在 2000 克以上时,雌雄比例为 8：1 合适。

中华鳖中的台湾品系,当它们亲本的体重在 500～750克时,雌雄比例为 4：1 合适;当它们亲本的体重在 750 克以上时,雌雄比例为 5：1 合适。

3. 日本鳖的雌雄比例

当它们亲本的体重在 750～1000 克时,雌雄比例为

5：1合适；当它们亲本的体重在 1000～2500 克时，雌雄比例为 6：1 合适；当它们亲本的体重在 2500 克以上时，雌雄比例为 8：1 合适。

4. 泰国鳖的雌雄比例

当它们亲本的体重在 400～500 克时，雌雄比例为 4：1合适；当它们亲本的体重在 500 克以上时，雌雄比例为 5：1 合适。

5. 珍珠鳖的雌雄比例

当它们亲本的体重在 2500～3000 克时，雌雄比例为 6：1合适；当它们亲本的体重在 3000 克以上时，雌雄比例为 8：1 合适。

6. 角鳖的雌雄比例

当它们亲本的体重在 2500～3000 克时，雌雄比例为 6：1合适；当它们亲本的体重在 3000 克以上时，雌雄比例为 8：1 合适。

7. 山瑞鳖的雌雄比例

当它们亲本的体重在 1000～2000 克时，雌雄比例为 5：1合适；当它们亲本的体重在 2000 克以上时，雌雄比例为 6：1 合适。

表 2-1　不同品种(或品系)的亲本雌雄比例汇总表

甲鱼品种(或品系)	体重(克)	雌雄性比
中华鳖 太湖品系、洞庭湖品系、 鄱阳湖品系以及黄河品系	750～1000	4∶1
	1000 以上	5∶1
中华鳖 西南品系	1000～1500	5∶1
	1500～2000	6∶1
	2000 以上	8∶1
中华鳖 台湾品系	500～750	4∶1
	750 以上	5∶1
日本鳖	750～1000	5∶1
	1000～2500	6∶1
	2500 以上	8∶1
泰国鳖	400～500	4∶1
	500 以上	5∶1
珍珠鳖	2500～3000	6∶1
	3000 以上	8∶1
角鳖	2500～3000	6∶1
	3000 以上	8∶1
山瑞鳖	1000～2000	5∶1
	2000 以上	6∶1

第三节　甲鱼的亲本培育

一、甲鱼亲本培育池的准备

甲鱼亲本的培育应在亲本培育池中进行。为甲鱼亲本提供良好的生活环境和优质饵料，并加以科学饲养管理，培育优良的甲鱼亲本，是提高产卵量和卵子质量的关键。

1. 亲本培育池的场所

甲鱼是个胆小怕惊的小动物，尤其是在产卵时更需要一个安静的环境，因此亲本培育池的选择一定要选择在比较僻静、清洁、人群来往少的池塘，所以培育甲鱼亲本用的饲养池选址尽量安排在安静、向阳、避风处，特别要避免附近有突发巨响，如靶场、开山炸石、飞机场的突发巨响会影响其产卵。另外还要求培育场所的水源来源方便，水质无污染，在一个养殖场里，可以规划在某一角落，不能规划在场区门口。为了便于管理和采卵，亲本培育池的面积以2~3亩为宜，太大或太小都不适宜，水深以1.5米为宜。最好培育的专用池塘有浅有深，浅水处占一半以上。

2. 亲本培育池形状

亲本培育池的形状以长方形为宜，这是因为有这么几个理由决定的：一是可以将产卵场设在长边的一头，有利于甲鱼亲本爬上产卵场进行产卵;二是对甲鱼亲本进行强化培育时投喂饵料有利,可以将饵料台设在产卵场的一侧,也有利于亲本及时爬上岸边摄食;三是对水环境的改善有好处,这是长方形培育池的自身特点决定的,非常有利于水体的对流和水体的交换;四是在对产卵池进行清塘消毒时也有好处,尤其是十分方便池塘的进水和排水;五是有利于在培育池中种植水草。

3. 亲本培育池的清塘

整塘和清塘是为甲鱼亲本创造一个良好的生态环境。甲鱼是底栖动物,池塘底泥是甲鱼的主要生活环境,底泥的状况对甲鱼亲本的生长发育极为重要。新开挖的池塘要平整塘底,清整塘埂,使池底和池壁有良好的保水性能,尽可能减少池水的渗漏,旧塘要及时清除淤泥、晒塘和消毒,可有效杀灭池中的敌害生物如鲶鱼、泥鳅、乌鳢、蛇、鼠等,争食的野杂鱼类及一些致病菌。

清塘的方法和常规养鱼方法是一样的,主要是用生石灰、漂白粉等清塘。

生石灰干法清塘:在虾苗虾种放养前 20～30 天,排干池水,保留淤泥 5 厘米左右,每亩用生石灰 75 千克,化水后乘热全池泼洒,最好用耙再耙一下效果更好,再经 3～5 天晒塘后,灌入新水。

生石灰带水清塘:每亩水面水深 1 米时,用生石灰 150 千克溶于水中后,全池均匀泼洒,用带水法清塘虽然工作量大一点,但它的效果很好,可以把石灰水直接灌进池埂边的鼠洞、蛇洞里,能彻底地杀死病害。

漂白粉清塘:在使用前先对漂白粉的有效含量进行测定,在有效范围内(含有效氯30%),将漂白粉完全溶化后,全池均匀泼洒,用量为每亩25千克,漂白精用量减半。

生石灰和茶碱混合清塘:此法适合池塘进水后用,把生石灰和茶碱放进水中溶解后,全池泼洒,生石灰每亩用量50千克,茶碱10~15千克。

另外用茶饼清塘,效果也很好。

4. 产卵场的修建

亲本池要比一般的养殖池还要有讲究,在修建上不能马虎,它是根据甲鱼的生活特性而决定的。

亲本培育池中的产卵场是雌甲鱼亲本产下卵子的场所,也是为养殖场提供甲鱼苗种的最初场所,因此,对产卵场的选择和修建一定要重视,马虎不得。

一是要抗惊扰。甲鱼产卵场一定要选择在安静且平缓的池坡修建,不要建在离家属区和大型交通干线附近,尤其是不能在飞机场附近修建产卵场,因为这些干扰会影响甲鱼的产卵,甚至会造成亲本产卵不畅而死亡。

二是产卵场的位置要坐北朝南。甲鱼的产卵场和人的住宅一样,也应该是处于坐北朝南的位置,这并不是什么风水因素,而是容易提高产卵场中沙子的温度,这对第二天凌晨甲鱼亲本的产卵是大有好处的,另外据研究表明,甲鱼亲本在产卵时有个自然属性,就是喜欢在产卵床的东西方向爬行,并寻找合适的位置产卵,这就需要我们在为它们修建产卵场时一定要模拟自然环境,至于这促在东西方向爬行的原因,目前尚未得到科学解释。

三是产卵场要牢固。有一些产卵场,修建得过于简单,有时仅仅在一头摆放一块瓦片,往往这种修建不牢固的产卵场,一遇到狂风暴雨就会被无情地刮倒,严重影响甲鱼亲本的产卵,甚至会造成甲鱼的逃跑。

四是要建成房屋式的产卵场。这种产卵场不仅能起到挡风遮雨的作用,同时也能有效地防止天敌的入侵。

五是产卵场的大小要合适。产卵场的大小一般是以每亩修建 8 平方米的要求来建,对于那些亲本培育池比较大的池子,可以分开兴建两到三个产卵场,产卵场要有良好的排水条件,确保雨天不能有积水。

5. 防逃设施的修建

在亲本培育池的四周,要修建防逃设施,这在所有的养殖池中都是要具备的,防逃设施有多种,可以用硬质钙塑板,也可以用玻璃,也可以砖砌防逃墙,高度要保持在 0.5 米以上。如果是用砖砌的,则要求内面用水泥抹平,在墙顶有 15 厘米左右的反檐设施,可做成"T"形飞檐,池塘的四周砌成圆弧形。另外在防逃墙和水面间的向阳面的池坡保留 3 米左右的距离,为甲鱼亲本提供晒背和休息的场所。

6. 产卵沙

甲鱼亲本产卵时是需要适合的环境的,因此我们只要稍加细心观察,就不难发现,临近产卵时的雌甲鱼会在产卵场不停地爬行,以寻找合适的产卵场所,特别是即将待产的场所的沙子粗细和湿度是否合适,有可能是决定雌甲鱼能否顺利产卵的主要因素之一。

产卵池建好后,产卵沙盘要稍向池塘一侧倾斜,以防沙盘积水。建好后,要在坡上铺设一层 30~35 厘米的细沙土,目的是为了给甲鱼亲本产卵时提供放卵的场所。产卵场沙盘中的黄沙必须用干净的河沙,粒径为 0.5~0.6 毫米,湿度以 8% 左右为宜。如果沙子的湿度太大,亲本产下的卵在很湿的沙子中孵化时,它的孵化率肯定会大大地降低,这时的亲本是不会轻易产卵的;相反,如果沙子的湿度太小的话,沙子就会板结在一起,雌甲鱼也无力扒开一个洞穴供产卵用,这时甲鱼也不会产卵的。因此我们一定要学会快速检测产卵沙的湿度,简便的检查湿度方法可用手捏沙成团,手松开后沙团即能自然散开,表明沙层的湿度适当。在野生环境当中,甲鱼亲本会根据当年的气候来选定产卵的位置高度,如果雌甲鱼的感应认为当年的雨水比较多,那么它就会选择比较高一点的位置进行产卵;否则,反之。因此,如果遇到连绵阴雨时,应将亲本培育池水位下降 20~40 厘米,以降低地下水位,并及时翻晒沙层,降低沙层湿度,这就是为甲鱼亲本的产卵营造模拟自然的环境。

另外,产卵场应搭防雨遮阳棚架,通常遮阳棚用石棉瓦作棚顶,这样既可防止产卵沙盘被大雨浇泼,沙层板结,又可防止沙盘暴晒,使沙层过热。

7. 培育池的植物种植

甲鱼亲本培育要做到成活率高,产卵多,就必须有个好的环境。为了给甲鱼亲本提供更好的模拟它的野生环境,保证甲鱼在产卵时选择凉爽、隐蔽处挖穴产卵,可以在产卵场周围栽种一些植物如蔬菜、葡萄、黄杨、美人蕉、豆角等为甲鱼亲本提供很好的遮阴和隐蔽的场所。

经过多年的生产实践表明,在亲本培育池中合理种植水草时,对于甲鱼亲本的培育会有更大的益处。

一是为甲鱼亲本提供隐蔽场所。甲鱼有一个重要的特点就是怕惊扰,所以在产卵场里为它们提供一个优良的安静环境是非常重要的,也是十分必要的。在亲本培育池里种植一定面积的水草时,这些水草可以为甲鱼提供一个非常安全的隐蔽环境,特别是甲鱼亲本在产卵时更为重要。

二是有助于净化水质。水草的根系比较发达,在培育池中栽植水草,水草通过光合作用,能有效地吸收池塘中的二氧化碳、硫化氢、有机悬浮物和其他无机盐类,从而能起到降低水中氨氮,减轻池水富养化程度,增加透明度、净化水质的作用,使水质保持新鲜、清爽,有利于甲鱼快速生长。

三是为甲鱼提供适当的饵料。水草营养丰富,富含蛋白质、粗纤维、脂肪、矿物质和维生素等甲鱼需要的营养物质。水草茎叶中往往富含维生素 C、维生素 E 和维生素 B 等,这可以弥补投喂谷物和配合饲料多种维生素的不足。

培育池中的水草一方面为甲鱼生长提供了大量的天然优质的植物性饵料,实践表明,一些水草的嫩芽是甲鱼的好饲料。另一方面水草还能诱集并有利于大量的浮游生物、水蚯蚓、水生昆虫、小鱼虾、螺、蚌、蚬贝以及底栖动物等的繁衍,为甲鱼提供天然饵料的作用。

四是某些水草对甲鱼有预防疾病的作用。科研表明,水草中的喜旱莲子草(又叫水花生、革命草)能较好地抑制细菌和病毒,甲鱼摄食旱莲子草即可防治些疾病。

二、甲鱼亲本的放养密度(表 2-2)

1. 合理放养的意义

甲鱼亲本放养是有讲究的,合理的放养密度,也是提高甲鱼亲本培育成活率和产卵率的关键技术措施之一。放养密度过小,不利于生产的经营,密度过大,也不利于甲鱼亲本的成活和它的培育,因此采用合理的放养密度,可避免甲鱼亲本争食、争配偶而发生咬斗,还可以保持良好水质,有利于甲鱼亲本的交配、产卵和生长育肥,也为减少和防止甲鱼疾病创造了有利条件。

培育甲鱼亲本时,具体的放养密度,还与不同品种和不同规格的甲鱼有密切关系。如果池中雄甲鱼强壮、体型大,数量可少些,反之应增加雄甲鱼数量。如发现池中雌甲鱼背甲有较多爪痕抓伤,说明雄甲鱼数过多。

2. 中华鳖亲本的放养密度

中华鳖中太湖品系、洞庭湖品系、鄱阳湖品系以及黄河品系的甲鱼,它亲本的体重在 750~1000 克时,放养密度为 600 只/亩合适;当它们亲本的体重在 1000 克以上时,放养密度为 500 只/亩合适。

中华鳖中的西南品系,当它们亲本的体重在 1000~1500 克时,放养密度为 450 只/亩合适;当它们亲本的体重在 1500~2000 克时,放养密度为 400 只/亩合适;当它们亲本的体重在 2000 克以上时,放养密度为 350 只/亩合适。

中华鳖中的台湾品系,当它们亲本的体重在 500~750 克时,放养密度为 750 只/亩合适;当它们亲本的体重在 750 克以上时,放养密度为 600 只/亩合适。

3. 日本鳖亲本的放养密度

当它们亲本的体重在 750~1000 克时,放养密度为 600 只/亩合适;当它们亲本的体重在 1000~2500 克时,放养密度为 450 只/亩合适;当它们亲本的体重在 2500 克以上时,放养密度为 300 只/亩合适。

4. 泰国鳖亲本的放养密度

当它们亲本的体重在 400~500 克时,放养密度为 800 只/亩合适;当它们亲本的体重在 500 克以上时,放养密度为 650 只/亩合适。

5. 珍珠鳖亲本的放养密度

当它们亲本的体重在 2500～3000 克时,放养密度为 250 只/亩合适;当它们亲本的体重在 3000 克以上时,放养密度为 150 只/亩合适。

6. 角鳖亲本的放养密度

当它们亲本的体重在 2500～3000 克时,放养密度为 250 只/亩合适;当它们亲本的体重在 3000 克以上时,放养密度为 150 只/亩合适。

7. 山瑞鳖亲本的放养密度

当它们亲本的体重在 1000～2000 克时,放养密度为 300 只/亩合适;当它们亲本的体重在 2000 克以上时,放养密度为 200 只/亩合适。

表 2—2　不同甲鱼品种(或品系)的亲本放养密度汇总表

甲鱼品种(或品系)	亲本体重(克)	亩宜放养密度(只)
中华鳖 太湖品系、洞庭湖品系、 鄱阳湖品系以及黄河品系	750～1000	600
	1000 以上	500
中华鳖	500～750	750
台湾品系	750 以上	600

甲鱼品种(或品系)	亲本体重(克)	亩宜放养密度(只)
中华鳖 西南品系	1000～1500	450
	1500～2000	400
	2000 克以上	350
日本鳖	750～1000	600
	1000～2500	450
	2500 以上	300
珍珠鳖	2500～3000	250
	3000 以上	150
角鳖	2500～3000	250
	3000 以上	150
泰国鳖	400～500	800
	500 以上	650
山瑞鳖	1000～2000	300
	2000 克以上	200

三、亲本的饲喂

在春季 4 月,水温超过 15℃时,甲鱼开始苏醒并少量摄食,这时应少量喂食,为甲鱼亲本提供能量。甲鱼亲本的营养状况与卵细胞的生长发育密切相关。在相同饲养条件下,个体大小相近的亲本,如饵料质量不同,产卵量相差很大。采用以动物性饵为为主饲养的亲本,其年平均产卵量比以植物性饵料为主饲养的甲鱼亲本高一倍。因此,在雌甲鱼产前、产中和产后强化培育,投喂优质的适口饲料,是提高产卵量和卵子质量的重要技术措施。

1. 甲鱼亲本饲料的供应

市场出售的甲鱼亲本专用饲料,其粗蛋白质含量在45%以上,但往往缺乏维生素等成分。因此,在调配这些饲料时,往往用打浆机把蔬菜等打成汁液代水用,拌入配合饲料中,以补充维生素 C 和维生素 E。如果不是投喂的专用饲料,可以充分利用甲鱼是杂食性且偏爱动物性饲料的特性,在甲鱼亲本培育阶段主要投喂新鲜、优良、营养丰富的动物性饲料,如小鱼、螺蛳、动物内脏、小虾、泥鳅、蚯蚓、河蚌、黄粉虫、河蚬、家畜家禽的内脏等。在天然饲料缺少的地区可喂人工配合饲料。

2. 投饲方式

对甲鱼亲本的投饲也要坚持做到"四定"。

定质:饲料的质量主要包括三个方面:一是新鲜,未腐败变质,配合饲料必须现做现喂。二是营养成分必须符合亲本发育和生长需要。产卵前、产卵期间要多投蛋白质含量高、维生素丰富、脂肪含量低的饲料。三是饲料的适口性。充足的动物性饲料可以促使亲本的产卵次数和产卵量的增加。

定量:投饲数量要根据当时的天气、水温、水质以及甲鱼的吃食情况作相应调整。开春后,当水温上升到 16～18℃时,开始投饵诱食,每隔 3 天用新鲜的优质料,促使亲甲鱼早吃食。水温达 20℃以上时,每天投喂 1 次,鲜饵料投喂甲鱼体重的 5％～10％,通常配合饲料每次投喂量(干重)为甲鱼体重的 1％～1.5％,以投饵后两小时内吃完为宜。

定时:水温在 25℃左右时,每日上 10:00 投喂 1 次;水温在 25℃以上时,每日投喂 2 次,上午 9:00～10:00,下午 15:00～16:00。具体时间还应根据天气和气温情况适当提前或推迟,以避免饲料经日光暴晒而变质。

定位:为了便于观察甲鱼的吃食情况和掌握甲鱼的健康状况,可将饵料定点在食台上。饲料台固定在甲鱼亲本池北侧,贴水面安置或 2/3 露出水面。饵料投放在台上,方便甲鱼在水中摄食,避免饲料散失、污染水质,也便于检查食场和进行食场消毒。

四、甲鱼亲本的管理

1.“四查”、“四勤”管理

甲鱼亲本养殖池的日常管理应做到“四防”,即“防病、防逃、防敌害、防盗”,具体应按“四查”、“四勤”进行管理。

一是查食场,勤做清洁卫生工作。每日早晨巡塘时,检查食场,并将甲鱼未食尽的残饵及时清除,洗净食台,减少蚊虫。

二是查防逃设施,勤修补。每日检查防逃设施,发现漏洞及时修补好。

三是查水质,勤排灌。为保持亲本池水质清新,应经常驻排出下层老水,加注新水,水位要求不能太深,以 25

厘米左右为宜。在甲鱼亲本交配期间经常加水,水质要求肥而带爽,保持中等肥度,水色以淡绿色或茶褐色为佳,透明度 25～30 厘米,以改善水质,防止病害。冬眠和夏眠期间的水位应控制在 1 米左右。

　　四是查病害,勤防治。发现病甲鱼、伤甲鱼,及时隔离治疗,以免相互传染;发现蛇、鼠、蚂蚁窝等应及时清除。这是因为水蛇、鼠类、蚂蚁等均能残害甲鱼卵,必须采取预防和消灭措施。产卵场内除了有意栽种的低矮树木外,必须清除杂草,消除敌害生物的隐蔽场所。另外,每月用生石灰 25 千克化水泼洒 1 次,以达到调和水质,预防疾病的目的。

2. 其他管理措施

　　一是在甲鱼亲本培育过程中,注意池塘的水质变化,可以通过经常加注新水刺激或投放水生植物来净化水质,这些水生植物也可以为亲本提供栖息隐匿的场所。

　　二是提供并整理合适的场所供甲鱼发情、交配、产卵,产卵场也是甲鱼的晒背场。产卵前应铲平卵场,铺上 40 厘米厚的新鲜细沙,并保持湿润。

　　三是保证甲鱼池安静。甲鱼在交配产卵时极怕响动干扰,要保持安静。在甲鱼亲本发情时,要减少不必要的人为行动。还要清除甲鱼养殖场内的天敌,以减少干扰和避免天敌危害。

　　四是加强观察,一旦发现甲鱼有发情现象要及时处理。

五是增加光照时间。增加光照时数,可提高产卵量,故应在培育池上面安装电灯。晚上点灯,既可诱虫供甲鱼吃食,又可增加光照时数,一举两得。

第四节 甲鱼卵的管理

产卵时,雌甲鱼会爬到有细沙土的产卵场,用后爪挖掘沙洞并将卵产于洞穴中,待所有的卵都产完后,甲鱼再用沙土将洞填平并用腹甲压紧后潜回水中。

一、快速查卵

雌甲鱼在产卵时有扒土、挖穴的习惯,产卵处沙土比较湿润,周围有产卵后离去的踪迹,活动范围达 200 平方米左右,可根据这些痕迹来寻找甲鱼的产卵巢。

具体方法上在甲鱼产卵季节,每天清晨在露水未干前仔细检查产卵场,检查时间以太阳未出、露水未干时为宜,根据甲鱼翻动沙土时的痕迹来寻找,以确定产卵场内甲鱼亲本是否产卵,在找到产卵的地方,要将洞口用泥或其他东西盖好,不要随意翻动或搬运卵粒,待产出后 30～48 小时,其胚胎已固定,动物极(白色)和植物极(黄色)分界明显,动物极一端出现圆形小白点,此时方可采卵。这时可用小草或木枝或其他的东西进行标注,方便挖卵。

二、收卵前的准备

在自然状态下,这些甲鱼卵靠太阳的光照来进行孵化,在人工养殖时可进行专用的孵化设施进行人工孵化。在孵化前必须进行甲鱼卵的收集工作。

收卵前应事先准备好收卵箱,收卵箱可以用木头自制,规格为45厘米×45厘米×8厘米,可在箱上安一手提环。收卵箱可兼作孵化箱,箱底与四周有漏水孔。

收卵时在箱底铺一层细沙,厚度为2厘米,沙子必须先作消毒处理。

同时应准备2根长20厘米、宽2厘米、厚0.3厘米的竹片,一根做开洞拨沙的工具,把另一根做成两头弯成一处的取卵的夹子。

三、挖卵

挖卵前,应先将收卵工具、箱子清洗干净,挖卵人员换上干净鞋子后进入产卵场,在找到甲鱼的产卵地后,在日出前产卵处湿土未晒干时,根据查卵时插的标记,将覆盖的黄沙细心地扒开,动作要轻,以防碰乱甲鱼卵,轻轻地将卵取出,逐个擦去卵壳外面的污土。

四、收卵

收卵时,一般先在收卵箱的底部铺一层2厘米厚的细泥沙,沙上放一层卵,卵上再盖沙,如此反复可放4~5层。收集甲鱼卵后不要存放过久,并注意保湿,可用湿毛巾盖好。收卵完毕,应整理好产卵场,天旱时适量喷些水,便于甲鱼再次产卵。每一天产的卵和收的卵都要用不同颜色的竹片做好标志,以便孵卵时加以分别。

五、验卵

就是鉴别卵的质量。收好卵后,到达集中放卵的地方,立即将破卵、瘪卵等抛弃,同时检查是甲鱼卵否受精,剔除未受精的卵,正常的受精卵壳上光滑不沾土,而那些未受精或受精后发育不良的卵壳易破碎或有凹陷,并沾有泥沙。

还有一种验卵方法,就是将卵对着光线观察,卵壳上有白点,边缘清晰圆滑,卵粒色鲜而壳呈粉红色或乳白色,大而圆,即为受精发育良好的卵。内部混浊不清或有腥臭味的为坏卵,壳顶上看不到白点,颜色基本一致,为未受精卵,壳顶上白点呈大块不整齐白斑,是发育不良的卵,坏卵、未受精卵、发育不良的卵、畸形卵、黑斑卵及破裂卵均不能用于孵化。

六、甲鱼的产后管理

为了促进雌甲鱼在产卵后能迅速恢复体质,确保来年性腺发育良好,加强产后管理是必须的,产后管理主要抓好以下几点工作,一是加强投喂,多投喂含蛋白质、脂肪较高的动物性饲料;二是对产卵过程中受伤的甲鱼加强治疗;三是环境卫生要到位,减少外来病源的侵袭。

第五节　甲鱼卵的孵化

一、野外自然孵化

我国孵化甲鱼卵的方式,可根据孵化规模和当地的气候条件以及各养殖户的经济实力,可分为野外自然孵化、室内常温孵化和人工控温孵化等三种。

采用这种孵化方法的养殖户主要集中在华南地区的广东、海南、广西的东部一带,这是因为那儿是我国比较热的地方,在自然环境下的温度也比较高,可以充分满足甲鱼卵在自然条件下孵化的需求了。这种野外自然孵化的优点是孵化成本低,投入较少,方法简单,但是它也有缺点,就是孵化时间较长,在孵化过程中容易受到天敌的破坏,比如常常会发生被蛇吞食甲鱼卵的现象,另一个缺点就是孵化率也比较低,浪费了甲鱼卵,不利于集约化生产。

自然孵化也有两种方法,第一种方法是在甲鱼亲本培育池向阳的墙脚下挖20~40厘米宽、20厘米深的沙坑,再用黄沙将坑填平,将甲鱼卵按1厘米的距离,排在沙土里,保持一定的湿度,甲鱼卵放好后再在上面放一些防雨的材料,就不再采取其他的措施了,任由太阳照晒增温,50~60天时间即出稚甲鱼。第二种方法就是在甲鱼池周围堆若干个小沙堆,让成熟的亲本甲鱼夜间爬上岸,在沙堆处挖穴产卵,任其自然孵化,50~70天即孵出小甲鱼。

采取这种野外自然孵化的养殖户,基本上是养殖规模较小而且经济条件比较差的,在大力发展标准化生态养殖时,建议不要采取这种方法。

二、室内常温孵化

采用这种孵化方法的养殖户主要集中在华南地区的广东、海南、广西和西南的四川等地,也主要是利用当地温度较高的优势,比起第一种孵化方法来,不是在野外孵化,而是放在室内孵化,这对提高甲鱼卵的孵化率,充分利用卵资源是大有好处的,而且它的孵化成本也低,技术也很简便易行,缺点就是孵化时间也是长一点,顺其自然气候条件孵化出甲鱼苗,因此会导致出苗时间不集中,有的甚至能相差四五天。

这种孵化的方法并不复杂,就是先把甲鱼卵放在孵化箱中,然后把孵化箱一层层叠好,再放到室内比较安全、安静、隐蔽的地方,利用当地的自然温度,顺其自然地进行孵化。

采取这种室内常温孵化的养殖户,基本上也是养殖规模较小而且经济条件比较差的。

三、人工控温孵化

1. 人工控温孵化的优缺点

常见的人工孵化设备有以下几种:一是室外孵化池;二是室外孵化场;三是室内孵化池,四是其他孵化设备,如地沟孵化池、木制孵化箱、改进的恒温器作孵化器等。对于采用人工控温孵化时，主要是在室内的孵化池里进行，我们也称为孵化室。各地的养殖户应根据具体情况灵活掌握，以最方便最实用为原则，本书主要是讲述人工控温孵化。

人工控温孵化这种技术最初是日本人发明的，我国也是从日本引进的这项技术，当然也是目前甲鱼养殖时进行人工孵化的最主要、最先进的技术之一，它的原理就是在特定的孵化室内，采用人工增温设施，并把室内的温度和相对湿度调整到甲鱼卵的最佳孵化状态。在科学掌握了甲鱼的孵化特性尤其是积温达到一定值就可以出苗的规律，能确保甲鱼苗完全按人为设置的时间孵化。这种孵化技术的优点是一次性孵化量大、孵化率高而且集中出苗，有利于集约化养殖，也有利于那些主要是为其他养殖场提供苗种服务的养殖场使用。缺点就是一次投资比较大，规模较小的养殖场使用起来在资金上比较吃力，另外它还需要一定的孵化管理技术。

2. 人工控温孵化的关键技术

在进行人工控温孵化时，要掌握以下几种关键技术。

一是排卵：孵化时先在容器底部铺上 20 厘米厚的细沙，湿度以手能捏成团放开即散为宜，将鉴别好的受精卵整齐地排放在孵化箱内沙盘内。卵与卵之间的间隔为 1 厘米，每排可放 10～12 个卵，在排卵时将白点（也就是动物极）朝上排列，孵化率会更高。每层放 10 排，再在卵上铺 2 厘米厚的中沙，其上再放一层卵，然后再铺上 3 厘米厚的中沙,即可将卵移入孵化室孵化。

二是孵化室内的温度调控要到位:孵化室内气温保持在 33℃,不能变化过大。21～22℃时甲鱼卵就会因温度过低而停止发育,而 37～38℃则是甲鱼卵的致死上限温度。通常采用蒸气、电加热、太阳能等加温的方法来达到温度要求,条件许可时,可以采取自动控温系统对孵化室温度进行调控。加温的另一个作用就是缩短孵化时间,延长孵化后的稚甲鱼可在当年常温下的培育期,对提高它的越冬成活率是大有好处的。甲鱼卵的孵化温度和孵化时间是呈明显的负相关,根据研究表明,甲鱼卵的孵化有效积温为 36000℃·小时。

一般不同品种的甲鱼,它们完成繁殖的时间也不相同,是有一定区别的,对产卵和孵化的自然条件也有一定差别,比如中华鳖和山瑞鳖的受精卵的孵化时间,同样在 32℃的情况下,中华鳖卵只需要 47 天就能孵化出稚甲鱼,而山瑞鳖却需要 60 天才能孵化出稚甲鱼。

三是孵化室内的湿度调控:室内应设置干、湿温度计,每天洒水一次,使沙保持湿润,控制沙的含水量在 7%～8%,并经常在室内地坪上泼水,夏季温度高蒸发快,洒水就要多一些,使空气的相对湿度保持在 80%～85%。湿度的检查方法是用手轻轻扒开沙子,观察含水沙层离表面的深度。如果直到靠近卵才出现湿润沙层,则用喷雾器在沙子表面喷水,使细沙层(5～6 厘米厚)略带湿润即可。

四是要适时通风:保证每天通风 1 次,以保持室内有足够的氧气。晴天温度高时,应在上午 8:00～9:00 时打开窗户,进行通风换气,尤其是在甲鱼卵即将出苗的前六天,一定要把孵化室的门窗打开,确保孵化室的通风,否则极易会造成甲鱼卵窒息死亡。当室外温度较低时,可在下午气温较时开窗换气。夜晚和雨天要及时关窗保温。

五是防敌害的侵扰:主要是防止鼠、蛇、蚂蚁、蚊子、苍蝇等进入,如发现上述敌害生物,必须立即加以消灭,以免损害甲鱼卵。

六是及时检查,了解甲鱼卵的孵化进程:为了提高甲鱼卵的孵化率,便于孵化中的管理,须认真做好记录,加强检查工作,在刚开始孵化以及孵化后期,应每隔 2～3 天检查 1 次,在孵化中期可每周检查 1 次。如孵化管理得当,孵化率可达 90% 以上。

采取这种人工控温孵化的养殖户,基本上是养殖规模较大而且经济条件比较好的工厂化养甲鱼,在大力发展标准化生态养殖时,由于需要的甲鱼苗种量大,我们建议采取这种方法。

四、稚甲鱼的出壳

1. 正常出壳

当受精卵孵化累计温达 36000℃·小时时,稚甲鱼就会破壳而出,如平均温度在 32℃时,甲鱼卵需经 47 天左右才能孵化成稚甲鱼。

稚甲鱼出壳后有趋水性,因此在临近稚甲鱼出壳前可在孵化箱中预先埋入一只盛有水的小瓷盆或其他器皿,使容器口与沙面平齐,刚出壳的稚甲鱼会自动爬出并跌落入瓷盆。稚甲鱼出壳时间多在后半夜至凌晨。

2. 人工帮助出壳

人工帮助出壳也就是人工引发出壳。在孵化甲鱼卵的过程中,我们会发现一个问题,就是预计的孵化时间已经到了,也就是说在孵化积温值已达 36000℃·小时时,已经有部分稚甲鱼已出壳时,卵壳颜色已由淡灰转为粉白,但是还有一部分没有出壳的甲鱼卵。这时就可以采用人工的方式来帮助甲鱼苗出壳,常用的方法就是通过降温刺激可引导发稚甲鱼出壳。具体方法是将符合引发条件的甲鱼卵从孵化箱中全部取出,放入大盆或桶中,加入水温为 25～30℃ 的温水徐徐倒入,以完全淹没卵壳为度,经10～15 分钟的刺激,大批的稚甲鱼就可破壳而出,这时可将出来的甲鱼苗及时拿到另一个水温和孵化室一样的盆中暂养。如经 10～15 分钟浸泡,稚甲鱼仍不出壳,应立即取出放回原处继续孵化。

还有一种更直接的方法,但是效率不高。就是把甲鱼的卵壳直接打破,把里面的甲鱼苗取出来,拿出来后赶快拿到另一个水温和孵化室一样的盆中暂养,20 小时后就可以开食了。

人工引发出壳的操作简单,效果好,能保证稚甲鱼的出壳时间能集中在一起,从而获得规格一致的大批量的稚甲鱼,这种方法既提高了工作效率,又有利于稚甲鱼的饲养管理。

第三章 甲鱼养殖赚钱的前提是培育好的苗种

一、甲鱼苗种的培育

甲鱼的苗种培育是指将人工繁殖的稚甲鱼用专池培育成能供养殖商品甲鱼用的甲鱼苗种的一种养殖方式。甲鱼养殖离不开苗种的供应,由于自然界的稚甲鱼苗既少而且难以集中采捕,因此,在进行规模化养殖甲鱼时,刚出壳的稚苗都是通过人工繁殖而获得的。将当年孵化出壳,体重仅 3 克左右的小甲鱼,经过 2~3 个月的精心饲养,在冬眠前可达到 8~15 克,此阶段称为稚甲鱼培育阶段。再将 15 克左右的稚甲鱼经过冬季温室加温培育,到第二年五六月时,体重可达 150~200 克,这个阶段就是甲鱼种的培育阶段。我们通常所讲的甲鱼苗种的培育就包含稚甲鱼的培育阶段和甲鱼种的培育阶段。

刚刚出壳的稚甲鱼,身体非常娇弱、幼嫩,它们的活动能力非常弱,对自然环境的适应能力很差,尤其是对敌害生物的侵袭几乎就没有什么抵抗力,如果养殖人员不对这些稚苗进行精心照顾,就会造成刚刚出壳的稚甲鱼苗大量死亡。为了提高甲鱼苗种的成活率,保证甲鱼苗种的快速生长,为人工养殖提供更多的优质甲鱼苗种,因而需要进行专门建池培育,这对于大规模的人工养殖是非常有好处的。

甲鱼养殖的生产实践表明,稚甲鱼培育过程是养殖甲鱼一个周期中最困难的时期,如果饲养不善、管理不到位,稚甲鱼死亡率是很高的。甲鱼亲本的产卵期很长,导致稚甲鱼出壳有早有晚,晚期 8 月以后出壳的甲鱼,当年的生长期只有 2 个月左右,冬眠时体重只有 3～5 克,它们对不良环境的适应力比较差,难以度过半年之久不能摄食的冬眠期,死亡率高达 70％～90％。侥幸存活下来的,苏醒后一时体质也难以恢复正常,影响到下一阶段的养殖。但是如果养殖管理到位,培育方法得当,使稚甲鱼在进入冬眠前体重有较大的增加,或者采取人工加温措施不让稚甲鱼进入冬眠,这样子的话,它们的体质就会增强,越冬成活率就会提高。因此,稚甲鱼培育就显得尤为重要。

二、苗种培育池

1. 苗种培育池的准备

从事甲鱼苗种的培育,可采用土池、水泥池、网箱三种主要方式,水泥池可分为有土和无土两种形式。但是在生产实践中,用的最多的还是用小水泥池,面积以小为宜,通常不超过 20 平方米（4 米×5 米）,深度较浅为宜,池深60～80 厘米,水深 100～120 厘米。上沿应高出水面 20 厘米以上,池底加沙 5 厘米左右。此外,水泥池要有防逃的倒檐。

培育甲鱼苗的小池对环境还有一定的要求,主要包括周围环境安静、避风向阳、水源充足且便利、进排水方便、水质清新良好无污染。

2. 培育池中栽种水草

水草在甲鱼苗种培育中,起着十分重要的作用,具体表现在:模拟生态环境、提供甲鱼部分食物、净化水质、提供氧气、为甲鱼提供隐蔽栖息场所,尤其是在夏季高温时可以为幼小的甲鱼苗种遮荫。

培育池中的水草通常有聚草、菹草、水花生、水葫芦等水生植物,栽种水草的方法是,将水草根部集中在一头,一手拿一小撮水草,另一手拿铁锹挖一小坑,将水草植入,每株间的行距为 20 厘米,株距为 15～20 厘米,水草面积占池内总面积的 30%～40%。

三、甲鱼苗的暂养

1. 刚孵出甲鱼苗暂养的意义

当稚甲鱼苗从卵壳中爬出来后,不能立即送到养殖池中进行专门培育,而是需要暂养二十多小时后才能进行专池强化培育。为什么一定需要对这些甲鱼苗进行暂养呢?这是从提高稚甲鱼苗的成活率着想的。

一是甲鱼苗刚刚孵化出来时,它们的卵黄囊还没有完全消失,这些卵黄囊的作用就是为刚出壳的稚甲鱼提供一段时间的营养,因此这个时候的小甲鱼苗是不会主动开口吃东西的;二是甲鱼苗的胎膜还没有完全脱落,如果此时放在池塘里,小甲鱼就会边游动边脱落而且容易被其他的东西擦破,极易感染病原菌而引起疾病的发生;三是刚刚出壳的稚甲鱼对周围的环境还不熟悉、不适应,如果此时放入培育池后,它们很可能会呆在池边的角落里,不吃不动,从而会影响以后的觅食和对环境的适应能力。

2. 甲鱼苗暂养技术

在稚甲鱼暂养以前,一定要注意将各种用具和暂养池都应经过消毒后方可使用,用 20 毫克/升的高锰酸钾溶液浸泡消毒,稚甲鱼则用 5 毫克/升高锰酸钾溶液或 5%食盐溶液等浸洗后才能放入暂养池。

暂养池可用各种水盆,或者用可以任意调节水深的小型水泥池或水槽,池底应稍倾斜,底部铺上一层经清洗干净且消毒好的细沙,厚度约为 3 厘米。水深应控制在浅端 2～5 厘米,深端 10 厘米左右。暂养池水面放一些木板作为饵料台,供稚甲鱼休憩之用。另外,应在暂养池内放入一些水生植物(水浮莲、浮萍等),既净化水质,又可供稚甲鱼隐蔽,但面积不应过大,以免影响甲鱼池采光,一般投放量不超过暂养池面积的 30%。

正确的暂养方法就是把这些刚出壳的小甲鱼放在准备好的容器中,每平方米水面放入稚甲鱼 50～60 只,条件好的可达 100 只。等卵黄囊完全消失后,同时胎衣也完全脱落后再集中放养到培育池中,将会大大提高成活率。根据生产实践的经验和对稚甲鱼脱去胎膜的时间计算,一般暂养的时间 20～25 个小时。

四、苗种培育时的放养密度

稚甲鱼的放养密度根据培育方式、换水条件及保温条件而有较大差异。一般的水泥池、水簇箱等,放养密度每平方米为 80～100 只,饲养效果也很好。而露天的、较大的饲养池,或者换水条件不够好的,放养密度应适当低些,每平方米掌握在 35～50 只。用土池作稚甲鱼养殖池,放养密度每平方米 10～20 只。

五、科学投喂甲鱼苗

1. 甲鱼苗的开食

刚出壳的甲鱼苗是不吃食的,它们的营养会在短时间内由卵黄囊提供,但是当卵黄囊消失殆尽后,就需要提供外源性营养,这就是甲鱼苗的开食。可以这样说,甲鱼苗的开食成功与否,将直接关系到苗种培育成活率,是苗种生产中的一个重要操作环节。

开食的方法有好几种,这里介绍一种比较有效果的方法。在甲鱼苗入池前 5 天,就要把培育池的水质培肥,池水肥水的标准是水呈灰白色或为绿色,透明度为 12～20 厘米,pH 7～8。稚甲鱼苗入池后,先在专门设置的饵料台周围泼洒少量浓度为 1‰ 的饲料浆(由颗粒饲料泡成的浆),再在饵料台中央撒上即将用来开食的适口软颗粒饲料,当甲鱼苗饿了,想吃东西时,先是舔食饵料台周边的饲料浆,然后再慢慢地吞食饲料中央的颗粒饲料。甲鱼苗对这种开食方法的适应能力很强,吃食好,而且甲鱼苗培育的成活率也大大提高。

2. 投喂甲鱼苗

"长嘴就要吃",出壳后的稚甲鱼很快就具备摄食能力,在这些稚甲鱼苗顺利开食后,就要进行科学投喂了。

稚甲鱼的饵料应精、细、软、嫩、鲜,营养全面而又易消化。鲜活饵料以水蚤为最好。将专池培育或从池塘中捞取的水蚤直接撒布到暂养池中,饲养5～7天后可将水蚤滤去水分,做成团块放到暂养池水面的木板上。也可投喂摇蚊幼虫、水蚯蚓等。鲜活饲料营养全面,利用率高,水质容易控制,稚甲鱼生长快。也可以投喂熟蛋黄、蝇蛆、红虫和瘦猪肉糜等,这些好的饵料可以促进甲鱼的食欲,减少消化不良等症状发生的机会。

全价的人工配合饲料作为稚甲鱼的开口饲料,营养全面,使用方便。可用稚甲鱼专用饲料或仔鳗饲料,加工成直径2毫米的软颗粒饲料,或者加入一些菜汁揉成糊状投喂。

初春,刚刚苏醒过来的稚甲鱼,活动能力较弱,温度不稳定,不可多喂食,可以考虑每三天喂一次,宜在中午的11～14时投喂;春季、夏季稚甲鱼每天可投喂2次,上午8～9时,下午16～18时为宜;秋季,早晚气温变化较大,每天可投喂一次,时间在上午的11～12时。每次投喂量以投喂后2小时能吃完为宜。

当温度在20～33℃时,甲鱼就能正常进食,其中25～

28℃摄食量最大,当温度低于15℃时,甲鱼的活动量慢慢减少,随着温度的进一步降低,甲鱼会进入冬眠状态。

六、加强培育管理

1. 水质管理

在苗种培育过程中,由于稚甲鱼池一般体积小,放养密度高,加上它们进食多,它们的排泄物也多,因此水质极易败坏,产生甲烷、硫化氢等有害气体,使稚甲鱼的食欲下降,影响它们的生长,甚至引起中毒死亡。因此要加强日常的水质管理工作。

一是要使池水保持适量的肥度,能提供适量的饲料生物,有利于生长。

二是在每次喂食后,要及时清除残饵。

三是在夏季水温较高时,应在培育池边搭建遮阴棚,也可通过种植水生植物的方法来调节水质,并适当增加水深。

四是为了防止水质恶化,调节水的新鲜度,一般每天先将老水、浑浊的水适时换出,再注入部分新鲜水,在生长季节每10～15天换水1次,每次换水量为池水总量的1/3～1/2,盛夏时节(7～8月)要求每周换水2～3次。对于一些高密度的稚甲鱼池1～2天就应换水一次,保持水体溶氧在3毫克/升以上,换水时应尽量清除池中的残渣污物。

五是适时用药物,如用生石灰等调节水质。有人认为甲鱼呼吸空气,水质好坏关系不大,这种想法是危险的。其实,稚甲鱼对水质、水温变化也是很敏感的,它们喜欢清新水域。因此,要特别注意水质变化。如发现池水 pH 值低于 6.3 时,可用石灰水调节到 7.4～7.6。这样既可保持水质清新,还可起到防病治病的作用。

六是对于加温养殖的培育池,在换水时要特别注意新旧水温的差异不能过大,一般不能超过 3℃,新水最好含有一定量的浮游植物,利用光合作用补充一部分氧气。

2. 冬季管理

在自然条件下,每年的 10 月到第二年的 4 月,稚甲鱼会进行冬眠。在人工饲养的条件下,应根据稚甲鱼的不同出壳时间,而采取相应的方法。如果是在 7～8 月孵化出来的稚甲鱼,必须对它们进行强化培育,增投营养全面的饵料,最好是多投喂天然活饵料,使稚甲鱼的体内能堆积足够多的能量,甲鱼的体重最好都能达到 50 克以上,到了 10 月下旬开始,让这些甲鱼进入正常的越冬状态。如果是在 9 月下旬或 10 月上旬孵出的稚甲鱼,入冬时的体重基本上只能在 20 克左右,由于水温渐渐降低,甲鱼的摄食能力和摄食欲望也都随之下降,它们体内储存的物质,已经不能满足漫长冬眠期体内的能量消耗,这时应在培育池上加装增温设施,使水温能恒定在 28～30℃,打破它们的冬眠习性,让它们继续摄食、继续生长,这样可在短时间里加速培育,只要饵料跟得上和其他管理措施跟得上,它们就会继续正常生长。

3. 其他管理

一是池水温度的昼夜变化不得超过 3℃，另外将稚甲鱼从一个水体向另一个水体转移时，一定要保证水体间水温相同或基本接近，否则会因水温变化太大而使稚甲鱼感冒，严重的会导致稚甲鱼死亡。

二是做好适时筛选分养的工作，一方面由于稚甲鱼出壳时间的差异，导致它们的个体大小不一；另一方面，即使是出壳时间大致相同的稚甲鱼，饲养一段时间后，它们的争食和活动能力差异，造成了它们的个体相差也很大。因此，要注意及时筛选分养，大小分开饲养，将规格相同的稚甲鱼养在同一池中，以利于摄食和生长，也减少了甲鱼的弱肉强食而造成的损失。

三是科学防病。主要措施包括以下几点：保持水质清洁有利于防病；对池水应定期和不定期消毒也有利于预防疾病；可在养殖池内放养光合细菌、EM 菌原露等生化制剂，进行水质调节，分解水体中的残饵、粪便，抑制水体中病原微生物的繁殖；防止鼠、蛇、鸟、蚊等的侵袭；一旦发现患病甲鱼，要及时分开，转入隔离池饲养。同时要更换池水并消毒。

第四章　池塘养甲鱼是传统的赚钱方式

利用池塘养殖甲鱼，一般有两种模式，一种是池塘专门养殖甲鱼，这种养殖方式的技术要求高，甲鱼的放养量大，饵料投入高，但是商品甲鱼的产量高，养殖效益也非常高；另一种养殖模式就是利用池塘套养甲鱼，就是在池塘中养殖其他的经济鱼类，然后根据情况再在池塘中套养或混养甲鱼，这种养殖模式的投入低，不需要专门给甲鱼投喂饵料，但是甲鱼的亩产量也低，收益也是不如第一种养殖模式。

在进行甲鱼的池塘养殖时，也有常温露天池塘养殖和池塘加温养殖两种情况。常温露天池塘养殖甲鱼多采用土池，可单养也可混养，这种方式也很有发展前途。单养就是只养甲鱼，不混养其他鱼类和其他水生动物。单养的密度介于加温集约化养殖和甲鱼与其他鱼混养之间。

第一节　养殖前的准备工作

我们都知道，甲鱼养殖属于特种水产品的养殖范畴，它的投入高、产出大，当然风险也是很大的，因此我们在养殖前一定要做好前期的准备工作，不打无把握之战。这些准备工作包括：一是做好心理准备；二是做好技术准备；三是做好做好养殖资金的准备;四是做好市场准备;五是做好养殖设施准备;六是做好养殖模式的准备。

一、做好心理准备

也就是在决定饲养前一定要做好心理准备,可以先问问自己几个问题:决定养了吗? 怎么养? 采用哪种方式养殖? 风险系数是多大? 对养殖的前景和失败的可能性我有多大的心理承受能力? 我决定投资多少? 是业余养殖还是专业养殖? 家里人是支持还是反对? 等等。

二、做好技术准备

甲鱼养殖的方法很多,但由于它们的放养密度大,对饵料和空间的要求也大,因此,如果甲鱼养殖时的喂养、防病治病等技术不过关,会导致养殖失败。所以,在实施养殖之前,要做好技术储备,要多看书,多看资料,多上网,多学习,多向行家和资深养殖户请教一些关键问题,把养殖中的关键技术都了解清楚了,然后才能养殖它。也可以少量试养,待充分掌握技术之后,再大规模养殖。

随着甲鱼产业化市场的不断变化、养殖技术和养殖模式的不断发展、科学发展的不断进步,我们在养殖甲鱼时可能会遇到新的问题、新的挑战,这就需要我们不断地学习,不断地引进新的养殖知识和技术,而且能善于在现有在技术基础上不断地改革和创新,再付诸于实践,总结提升成为适合自己的养殖方法。

三、做好市场准备

这个准备工作尤其重要,因为我们每个从事甲鱼养殖的人都很关心,甲鱼的市场究竟怎么样? 前景如何? 也就是说在养殖前我就要知道我养殖好的甲鱼怎么处理? 是自己生产出来,自己到菜市场上出售? 还是出口到国外? 主要是为了供应甲鱼苗种还是为了供应商品甲鱼? 如果一时卖不了或者是价钱不满意,那我该怎么办? 这些情况在养殖前也是必须要准备好的,如果没有预案,万一出现意想不到的情况发生时,养殖的那么多的甲鱼怎么处理,这也是个严峻的问题。

针对以上的市场问题,我们认为养殖者一定要做到眼见为实,耳听为虚,以自己看到的再来进行准确的判断,不要过分相信别人怎么说,也不要相信电视上怎么介绍,更不要相信那些诱人的小广告怎么诱惑你。现在是市场经济时代,也是信息快速传播的时代,市场动态要靠自己去了解,去掌握,去分析,做到去伪存真,突破表面现象去看真实问题。

四、做好养殖设施准备

甲鱼养殖前就要做好设施准备,这些工作主要包括养殖场所的准备和饲料的准备。其他的准备工作还包括繁育池的准备、网具的准备、药品的准备、投饵机的准备和增氧设备的准备等。

养殖场所要选取适合甲鱼养殖的地方,尤其是水质一定要有保障,另外电路和通讯也要有保障。"兵马未动,粮草先行",说明饲料对甲鱼养殖的重要性,在养殖前就要准备好充足的饲料,生产实践已经证明,如果准备的饲料质量好,数量足,养殖的产量就高,质量就好,当然效益也比较好,反之亦然。总之要以最少的代价获得最大的报酬,这是任何养殖业的经营基础。

五、做好苗种准备

引进优良的甲鱼品种,是养殖场和养殖从业者优化甲鱼种质的积极措施,由于我国对甲鱼苗种的流通缺乏强有力的监督与管控,许多供种单位就用一些养殖效益不好的或者是有病的苗种来冒充是优质的或是提纯的良种,结果导致养殖户损失惨重,因此在养殖前一定要做好苗种准备。我们建议初养的养殖户可以采取步步为营的方式,用自培自育的苗种来养殖,慢慢扩大养殖面积,效果最好,可以有效地减少损失。

六、养殖资金的准备

甲鱼养殖是一种名优水产品的养殖,养殖甲鱼是一种高投入高产出的行业,成本是比较高的,风险也是比较大的,当然也需要足够的资金做为后盾,因为甲鱼的苗种需要钱,饲料需要钱,一些基础养殖设备需要钱,人员工资需要钱,养殖场的建设也需要较多资金,池塘需要租金,池塘改造和清除敌害等都需要钱。因此在养殖前必须做好资金的筹措准备。我们建议养殖户在决定养殖前,先去市场多跑跑、多看看、再上网多查查、向周围的人或老师多问问,最后再决定自己投资金多少。投资者必须谨慎行事,根据自己的实力来进行甲鱼的养殖。如果实在不好确定时,也可以自己先尝试着少养一点,主要是熟悉甲鱼的生活习性和养殖技术,等到养殖技术熟练、市场明确时,再扩大生产也不迟。

七、甲鱼的暂养和保管方法

甲鱼的暂时和保管是提高它们的生存率、提高经济效益的重要举措之一,在养殖甲鱼的过程中,我们会经常用到这一技巧。

如果是在夏秋季起捕或收购的甲鱼不能马上起运,可转入池内暂养,暂养密度每亩一般不宜超过 600 公斤,同时应注意按时投饵,保持水质清洁和防止病害发生。如果能保证很快就需要运输出去,这时可在水泥池内先用潮湿的粉沙或水草铺底,再把甲鱼放入池内,然后盖上湿草袋以防爬动和蚊蝇叮咬,数量不宜过多,以免相互挤压抓咬。池内不宜蓄水,但要保持湿润清洁,要经常冲去粪便和其他排泄物。

如果是在冬季起捕或收购的甲鱼不能放在室外,因为低温可能会冻伤它们,这时可放在室内保管,保管室应选向阳背风比较温暖的房间,室内铺上松软湿润的泥沙或黄沙土,厚约 40 厘米,这时活的甲鱼就可以在室内的泥土中冬眠。为了防止保管室内的泥土冻结而使甲鱼冻伤,室温可控制为 2～12℃。

如果是在早春和深秋季节,起捕或收购后能确保在短时间内就能运走的甲鱼,可将甲鱼放在缸内、桶内或水泥池内,里面放适量水,甲鱼的数量不宜过多以免相互抓咬。

第二节 甲鱼养殖场的建设

一、甲鱼养殖场的总体规划

对于一个上规模的甲鱼养殖场来说,必须有一个合适的总体规划,这种规划既要根据自己的资金实力来进行设计,同时也要根据场址选择的条件,来设计相应规模的甲鱼养殖场,资金不多,场址条件也不好,宁愿不干,决不可蛮干,否则就可能造成巨大的损失。

1. 规划要求

新建、改建的甲鱼养殖场必须符合当地的规划发展要求,养殖场的规模和形式要符合当地社会、经济、环境等发展的需要,而且要求生态环境良好。

2. 甲鱼养殖场的总体布局

由于甲鱼天性凶猛,有相互撕咬和同类自相残食的现象,因此在进行甲鱼养殖时一定要提前做好这方面的预防工作,主要是采取分级饲养制度,也就是在养殖过程中根据甲鱼不同年龄和不同个体大小进行分级、分池饲养。

根据甲鱼的生长阶段来分,养殖池可分为稚甲鱼培育池(饲养当年孵出的稚甲鱼)、幼甲鱼养殖池(饲养 2 龄的幼甲鱼)、商品甲鱼育肥养殖池(饲养 3 龄以上的商品甲鱼)、甲鱼亲本强化培育池(饲养用于繁殖后代的甲鱼)、暂养池(用于转运、出售时的暂养池)、患病甲鱼隔离池(用于疾病预防、控制、检疫等的小池塘)等。除了各阶段的养殖池外,一个比较完善的甲鱼养殖场还应同时配套建有排灌水系统以确保养殖水源的供应、甲鱼卵孵化室以实现甲鱼的自繁自给、养殖管理房、饲料仓库及其他物资储藏室、饲料加工配制房、水质化验室、甲鱼疾病预防治疗室和生产用具室等。

3. 养殖池的配比

稚甲鱼养殖池、幼甲鱼养殖池池、商品甲鱼养殖池池与甲鱼亲本培育池的配比,目前并没有一个统一的标准,要依据甲鱼养殖场的生产规模、设备条件、技术水平以及生产方式等的不同而不同,例如控温养殖每平方米产甲鱼 2～10 千克,常温条件下的池塘养殖每平方米产量只有 0.5～5 千克。因此我们在进行池塘养殖甲鱼时,就必须考虑这方面的内容。

在池塘养殖且养殖条件良好的情况下,一个苗种自给自足的商品甲鱼养殖场,各级甲鱼养殖池面积所占比例大致是这样的,稚、幼、成、亲 4 种养殖池各类总面积之比为 1∶3∶20∶6。以一家养殖场为例,在池塘常温条件下养殖产量为 10000 千克的甲鱼养殖场,需商品甲鱼养殖池 10000 平方米左右,稚甲鱼养殖池 500 平方米,幼甲鱼养殖池 1500 平方米,甲鱼亲本养殖场池 3000 平方米。加上管理房、饲料加工房、蓄水池和排灌水系统占地等,总占地面积在 14000 平方米左右。

二、池塘养殖场所的选择

良好的池塘条件是获得高产、优质、高效的关键之一。池塘是甲鱼的生活场所,是它们栖息、生长、繁殖的环境,许多增产措施都是通过池塘水环境作用于甲鱼,故池塘环境条件的优劣,对甲鱼的生存、生长和发育,有着密度的关系,良好的环境不仅直接关系到甲鱼产量的高低,对于生产者,才能够获得较高的经济效益,同时对长久的发展有着深远的影响。

总的来说,甲鱼养殖场在选择地址时,既不能受到污染,同时又不能污染环境,还要方便生产经营、交通便利且具备良好的疾病防治条件。因此可以这样说,甲鱼养殖要想取得好的成效,池塘建设是基础,尤其是甲鱼养殖场在选址时就要好好把关。

养殖场在场址的选择上重点要考虑以下几个要点,包括池塘位置、面积、地势、土质、水源、水深、防疫、交通、电源、池塘形状、周围环境、排污与环保等诸多方面,需周密计划,事先勘察,才能选好场址。在可能的条件下,应采取措施,改造池塘,创造适宜的环境条件以提高池塘甲鱼产量。

三、养殖场的自然条件

池塘标准化养殖甲鱼的一个特点是标准化高密度,高密度容易引发传染病。甲鱼本身的生物学特点要求它的饲养环境必须保证它能健康生长,而又不能影响周围的环境。因此在选择场址时必须注意周围的环境条件,一般应考虑距居民点 2 公里以上,附近无大型污染的化工厂、重工业厂矿或排放有毒气体的染化厂,尤其上风向更不能有这些工厂。

在规划设计养殖场时,要充分勘查了解规划建设区的地形、水利等条件,有条件的地区可以充分考虑利用地势自流进排水,以节约动力提水所增加的电力成本。规划建设养殖场时还应考虑洪涝、台风等灾害因素的影响,在设计养殖场进排水渠道、池塘塘埂、房屋等建筑物时应注意考虑排涝、防风等问题。

北方地区在规划建设水产养殖场时,需要考虑寒冷、冰雪等对养殖设施的破坏,在建设渠道、护坡、路基等应考虑防寒措施。南方地区在规划建设养殖场时,要考虑夏季高温气候对养殖设施的影响。

四、水文气象条件

建立甲鱼养殖场地区的水文气象资料必须详细调查了解,作为养殖场建设与设计的参考。这些资料包括平均气温、光照条件、夏季最高温、冬季最低温度及持续天数等,结合当地的自然条件决定养殖场的建设规模、建设标

准,然后再针对甲鱼的生长特性对建场地址作出合理
选择。

五、水源、水质条件

规划养殖场前要先勘探当地的水源与水质条件,水源
是甲鱼养殖选择场址的先决条件。在选水源的时候,首先
供水量一定要充足,不能缺水;其次是水源不能有污染,水
质要符合饮用水标准。在选养殖场地时,一定要先观察
养殖场周边的环境,不要建在化工厂附近,也不要建在有
工业污水注入区的附近。

水源分为地面水源和地下水源,无论是采用那种水
源,一般应选择在水量丰足、水质良好的地区建场。采用
河水或水库水等地表水作为养殖水源,要考虑设置防止野
生鱼类进入的设施,以及周边水环境污染可能带来的影
响,还要考虑水的质量,一般要经严格消毒以后才能使用。
如果没有自来水水源,则应考虑打深井取水等地下水作为
水源,因为在 8~10 米的深处,细菌和有机物相对减少,要
考虑供水量是否满足养殖需求,一般要求在 10 天左右能
够把池塘注满。

选择养殖水源时,还应考虑工程施工等方面的问题,
利用河流作为水源时需要考虑是否筑坝拦水,利用山溪水
流时要考虑是否建造沉砂排淤等设施。水产养殖场的取
水口应建到上游部位,排水口建在下游部位,防止养殖场
排放水流入进水口。

水质对于养殖生产影响很大,养殖用水的水质必须符

合《渔业水质标准（GB 11607—1989）》规定。对于部分指标或阶段性指标不符合规定的养殖水源,应考虑建设源水处理设施,并计算相应设施设备的建设和运行成本。

六、土壤、土质条件

一般甲鱼养殖池多半是挖土建筑而成的,土壤与水直接接触,故对水质的影响很大。在选择、规划建设养殖场时,要充分调查了解当地的地质、土壤、土质状况,要求一是场地土壤以往未被传染病或寄生虫病原体污染过,二是具有较好的保水、保肥、保温能力,还要有利于浮游生物的培育和增殖,不同的土壤和土质对养殖场的建设成本和养殖效果影响很大。

七、交通运输条件

交通便利主要是考虑运输的方便,如饲料的运输、场舍设备材料的运输、甲鱼苗种、商品甲鱼的运输等。养殖场的位置如果太偏僻,交通不便不仅不利于本场自己的运输,还会影响客户的来往。公路的质量要求陆基坚固、路面平坦,便于产品运输。

甲鱼养殖场的位置最好是靠近饲料的来源地区,尤其是天然动物性活饵料来源地一定要优先考虑。

八、供电条件

距电源近,节省输变电开支。供电稳定,少停电。可靠的电力不仅用于照明、饲料的加工。尤其是靠电力来为增氧机服务的养殖场,电力的保障是极为重要的条件。如果不具备以上基础条件,应考虑这些基础条件的建设成本,避免因基础条件不足影响到养殖场的生产发展。甲鱼养殖场应配备必要的备用发电设备和交通运输工具。尤其在电力基础条件不好的地区,养殖场需要配备满足应急需要的发电设备,以应付电力短缺时的生产生活应急需要。

第三节 养殖池塘的条件

池塘养殖甲鱼多采用土池,可单养也可混养,这种方式很有发展前途,也是我国目前最主要的养殖模式之一。

一、形状

养殖甲鱼的池塘形状主要取决于自然地形、池塘布置、阳光、风向、工程造价和饲养管理等,一般为长方形,也有圆形、正方形、多角形的池塘。长方形池塘的长宽比一般为 2～4∶1。池底平坦,略向排水口倾斜。

二、朝向

池塘的朝向应结合场地的地形、水文、风向等因素,尽量使池面充分接受阳光照射,满足水中天然饵料的生长需要。池塘朝向也要考虑是否有利于风力搅动水面,增加溶氧。在山区建造养殖场,应根据地形选择背山向阳的位置。

三、面积

面积较大的池塘建设成本低,但不利于生产操作,进排水也不方便。面积较小的池塘建设成本高,便于操作,但水质容易恶化,不利于水质管理。甲鱼养殖池塘面积的大小依据养殖的规模和数量、养殖者的技术水平以及自然条件而定,可大可小,一般以1~3亩为宜。

四、深度

池塘水深是指池底至水面的垂直距离,池深是指池底至池堤顶的垂直距离。养甲鱼的池塘有效水深不低于0.8米,一般深度在1.0~1.5米。池埂顶面一般要高出池中水面0.5米左右。

水源季节性变化较大的地区,在设计建造池塘时应适当考虑加深池塘,维持水源缺水时池塘有足够水量。

五、池埂

池埂是池塘的轮廓基础,池埂结构对于维持池塘的形状、方便生产、以及提高养殖效果等有很大的影响。

池埂的宽度应根据生产情况和当地土质情况确定,一般无交通要求的池埂宽度不小于4米,有交通要求的池埂宽度不小于6米。以上池塘的标准均是以土池无护坡情况下的数据。有护坡设施的精养池塘其边坡的边坡系数和池埂宽度可根据具体情况适当减小。

池埂的坡度大小取决于池塘土质、池深、护坡与否和养殖方式等。一般池塘的坡比为1∶1.5～3,若池塘的土质是重壤土或黏土,可根据土质状况及护坡工艺适当调整坡比,池塘较浅时坡比可以为1∶1～1.5。

六、池塘护坡

在进行池塘室外养殖时,甲鱼有掘穴的习性,尤其是到了繁殖发情期,它们更是拼命地掘穴,常常将池埂弄得一个洞连着一个洞,对池塘的安全造成严重威胁,因此对甲鱼养殖来说,护坡工作是必不可少的一个环节。护坡具有保护池形结构和塘埂的作用,常用的护坡材料有水泥预制板、混凝土、防渗膜、混凝土等。

1. 水泥预制板护坡

水泥预制板护坡是一种常见的池塘护坡方式。护坡水泥预制板的厚度一般为5～15厘米,长度根据护坡断面的长度决定。较薄的预制板一般为实芯结构,5厘米以上的预制板一般采用楼板方式制作。水泥预制板护坡需要在池底下部30厘米左右建一条混凝土圈梁,以固定水泥预制板,顶部要用混凝土砌一条宽40厘米左右的护坡压顶。

水泥预制板护坡的优点是施工简单,整齐美观,经久耐用,缺点是破坏了池塘的自净能力。一些地方采取水泥预制板植入式护坡,即水泥预制板护坡建好后把池塘底部的土法翻盖在水泥预制板下部,这种护坡方式即有利于池塘固形,又有利于维持池塘的自净能力。

2. 混凝土护坡

混凝土护坡是用混凝土现浇护坡的方式,具有施工质量高、防裂性能好的特点。采用混凝土护坡时,需要对塘埂坡面基础进行整平、夯实处理。混凝土现浇护坡一般用素混凝土,也有用钢筋混凝土形式。混凝土护坡的坡面厚度一般为5~8厘米。无论用那种混凝土方式护坡都需要在一定距离设置伸缩缝,以防止水泥膨胀。

3. 地膜护坡

一般采用高密度聚乙烯塑胶地膜或复合土工膜护坡。聚乙烯塑胶地膜膜具抗拉伸、抗冲击、抗撕裂、强度高和耐静水压高的特点,在耐酸碱腐蚀、抗微生物侵蚀及防渗滤方面也有较好性能,且表面光滑,有利于消毒、清淤和防止底部病原体的传播。高密度聚乙烯膜护坡既可覆盖整个池底,也可以周边护坡。

复合土工膜进行护坡具有施工简单,质量可靠,节省投资的优点。复合土工膜属非孔隙介质,具有良好的防渗性能和抗拉、抗撕裂、抗顶破、抗穿刺等力学性能,还具有一定的变形量,对坡面的凹凸具有一定的适应能力,应变力较强,与土体接触面上的孔隙压力及浮托力易于消散,能满足护坡结构的力学设计要求。复合土工膜还具有很好的耐化学性和抗老化性能,可满足护坡耐久性要求。

4. 砖石护坡

浆砌片石护坡具有护坡坚固、耐用的优点，但施工复杂，砌筑用的片石石质要求坚硬，片石用作镶面石和角隅石时还需要加工处理。

浆砌片石护坡一般用座浆法砌筑，要求放线准确，砌筑曲面做到曲面圆滑，不能砌成折线面相连。片石间要用水泥勾缝成凹缝状，勾出的缝面要平整光滑、密实，施工中要保证缝条的宽度一致，严格控制勾缝时间，不得在低温下进行，勾缝后加强养护，防止局部脱落。

七、供排水系统

水产养殖离不开水，因此池塘的供排水系统是其中非常重要的基础设施之一。甲鱼养殖池的进排水系统是养殖场的重要组成部分，进排水系统规划建设的好坏直接影响到养殖场的生产效果。

在小规模养殖甲鱼时，可使用水泵将养殖用水直接抽到池塘内就可以了，排水时也只要用水泵将水抽出池塘就可以了，可以不必另外修建供排水系统。

对于规模化连片养殖的池塘，必须有相当完善的供排水系统，应有独立的进水管道、排水管道及排水沟，按照高灌低排的格局，建好进排水渠，做到灌得进，排得出，定期对进、排水总渠进行整修消毒，以免暴雨时因雨水不能及时排出而造成全场淹没，甲鱼大量逃逸而造成巨大的经济损失。进水沟和排水沟的深度及宽度应根据场地的大小确定,场地大,沟的宽度及深度应计划修建得大一些,而且越是靠近下端的排水沟更应修建得宽一些、深一些。场地小,排水沟可窄小一些,但最好不要窄于 25 厘米,以便水沟淤泥的清理,另外要注意的是,进水沟和排水沟不能放在同一侧,进水沟处于水源的上游,进入到各养殖池塘的水流都是独立的。排水沟应在水源的下游。池塘的排水系统可以加以改造,将排水孔和溢水孔"合二为一",能自由控制水深的排溢水管。该水管的制作及安装方法为:截取一节长度比池壁厚度多 5~10 厘米,直径为 5 厘米 PVC 塑料管,在其两端均安上一个同规格的弯头。将其安装在养殖池的排水孔处,使其一个弯头在池内,一个弯头在池外,使弯头口与池底相平或略低。这样,如果我们想将池水的深度控制在 30 厘米,则只需在池外的弯头上插上一节长度约为 30 厘米的水管即可。这样,当池水深度超过 30 厘米时,池水就能从水管自动溢出。而我们要排干池水时,只需将插入的水管拔掉即可。如果养殖池较大,我们可以多设一个排水管即可。

八、池塘遮阴

可在池塘上方搭设架子,沿池种上丝瓜、葡萄或玉米等高秆植物,形成一个具有遮阴、降温的绿色屏障,让甲鱼栖息。同时可在池内种植一些水生植物如水花生、水葫芦等,创造一个良好的生态环境,以适应甲鱼高密度标准化养殖的需要。

第四节 池塘的处理

一、旧池塘的改造

如果甲鱼池达不到养殖要求,或者是养殖时间较久了,就应加以改造。改造池塘时应采取:浅池改深池;死水改活水;低埂改高埂;狭埂改宽埂。在池塘改造的同时,要同时做好进排水闸门的修复及相应进水滤网、排水防逃网的添置,另外养殖小区的道路修整、池塘内增氧机线路的架设及增氧机的维护等工作也要一并做好。

1. 改浅塘为深塘

把原来的浅水塘、淤集塘,挖深、清淤,保证甲鱼池的深度和环境卫生。

2. 改漏水塘为保水塘

有些甲鱼池常年漏水不止,这主要是土质不良或堤基过于单薄。砂质过重的土壤不宜建塘堤。如建塘后发现有轻度漏水现象,应采取必要的塘底改土和加宽加固堤基,在条件许可的情况下,最好在塘周彻砖石或水泥护堤。

3. 改死水塘为活水塘

甲鱼池水流不通,不仅影响产量,而且对生产有很大的危险性,容易引起养殖的甲鱼和混养鱼类的浮头、浮塘和发病,因此对这样的池塘,必须尽一切可能改善排灌条件,如开挖水渠,铺设水管等,做到能排能灌,才能获得高产。

4. 改瘦塘为肥塘

甲鱼池在进行上述改造以后,就为提高生产力,夺取高产奠定了基础。有了相当大的水体,又能排灌自如,使水体充分交换,但如果没有足够的饲、肥供给,塘水不能保持适当的肥度,同样不能收到应有的经济效果。

因此,我们应通过多种途径,解决饲、肥料来源,逐渐使塘水转肥。

二、清塘消毒

池塘养殖甲鱼时,也需要对池塘进行清塘消毒,和一般水产养殖的池塘消毒措施是一样的,养甲鱼池塘的消毒方法主要也是用生石灰和漂白粉消毒的,当然还有其他的消毒措施。

1. 生石灰清塘

生石灰清塘可分干法清塘和带水清塘两种方法。所使用的剂量也有一定区别。根据经验,采用干塘消毒方式较好。

干法清塘:在甲鱼放养前一个月左右,先将池水基本排干,保留水深 10 厘米,在池底四周选几个点,挖个小坑,将生石灰倒入小坑内,用量为每平方米 100 克左右,注水溶化,待石灰化成石灰浆水后,不待冷却即用水瓢将石灰浆趁热向四周均匀泼洒,第二天再用铁耙将池底淤泥耙动一下,使石灰浆和淤泥充分混合。然后再经 5～7 天晒塘后,经试水确认无毒,灌入新水,即可投放种苗。

带水清塘:每亩水面水深 0.5 米时,用生石灰 75 千克溶于水中后,一般是将生石灰放入大木盆等容器中化开成石灰浆,将石灰浆全池均匀泼洒,能彻底地杀死病害。

2. 漂白粉清塘

带水消毒:在水深 0.5 米时,漂白粉的用量为每亩用 10 千克,先用木桶或瓷盆内加水将漂白粉完全溶化后,全池均匀泼洒在池水里,就可以了。

干法消毒:保持水深 30 厘米,用量为每亩用 5 千克,使用时先用木桶加水将漂白粉完全溶化后,全池均匀泼洒在池底的底泥表面即可。

3. 生石灰与漂白粉混合清塘

有时为了提高效果,降低成本,就采用生石灰、漂白粉交替清塘的方法,比单独使用漂白粉或生石灰清塘效果好。也分为带水消毒和干法消毒两种,带水清塘,水深 0.5 米时,每亩用生石灰 30 千克加漂白粉 3 千克。干法清塘,水深在 10 厘米左右,每亩用生石灰 8 千克加漂白粉 1 千克,化水后趁热全池泼洒。

4. 生石灰和茶饼混合清塘

水深 0.66 米,每亩用生石灰 50 千克和茶饼 30 千克。先将茶饼捣碎浸泡好,然后混入生石灰中,生石灰吸水溶化后,再全池泼洒。可杀病菌等有害生物,增加钙肥。10 天后药性消失。

5. 碱粉清塘

也就是用碳酸钠清塘,通常是在干池时使用,用量为 7.5 克/立方米,碱粉化水,加水稀释后泼洒,使池水呈微碱性,可杀灭杂藻,同时有防出血病的作用。

6. 氨水清塘

通常是在干池时使用,用量为 12.5 千克/亩,氨水含氮 12.5%～20%。将氨水加水稀释后,均匀泼洒,使池水呈微碱性。氨水有杀菌、杀虫及有害生物的作用,而且不能杀死螺蛳,是甲鱼养殖中很好的清塘消毒药物。

三、新建池塘的处理

对于刚刚修建好的池塘,在放养甲鱼前一定要做好相应的处理工作,以满足甲鱼的生长发育所需,从而促进甲鱼的快速生长。

第一是新建甲鱼池塘应尽可能地满足甲鱼的生长习性,可以在池底保持一定量的泥土或铺一定量的沙,否则甲鱼入池后由于没有遮蔽物而活动频繁导致水质长期浑浊。第二是新建池塘在放养甲鱼苗前应先培养好水色,以便甲鱼入池后有一个稳定舒适的环境,在这样安逸的"家"中,甲鱼安居乐业,就会减少它的活动,保证甲鱼的健康生长。否则,在放苗前刚进水,甲鱼入池后由于对环境的不适应,在池中频繁活动,造成水体变浑浊,而甲鱼又不适应此种水体,更加剧烈活动,从而恶性循环使水体长期浑浊,甲鱼摄食不正常,最终导致甲鱼生长缓慢,且易发病。

四、防逃设施

甲鱼的攀爬能力和逃逸能力比较强,尤其是在阴雨天气更会逃跑,因此做好防逃工作是至关重要的,不可放松,一般来讲,甲鱼逃跑有四个特点:一是由于生活和生态环境改变而引起大量逃跑。甲鱼对新环境不适应,就会引起逃跑,通常持续时间1周的时间,以前三天最多。二是水质恶化迫使甲鱼寻找适宜的水域环境而逃走。有时天气突然变化,特别是在风雨交加时,甲鱼就想法逃逸。三是在饵料严重匮乏时,甲鱼不但会同类相残,也会逃跑。因此我们建议在甲鱼放养前一定要做好防逃设施。四是善于寻找池埂的漏洞,只要养殖池塘的埂上存在漏洞,甲鱼就会逃跑,因此我们在养殖前需要对池塘进行处理,重点是检查池埂,看看有没有破损的地方和有没有漏洞,结合池塘清整,夯实池埂,尽可能地杜绝甲鱼逃跑的机会。

防逃设施有多种,基本上同我们现在养殖河蟹时用的防逃设施是相同的,常用的有四种,一是安插高45厘米的硬质钙塑板作为防逃板,埋入田埂泥土中约15厘米,每隔

100 厘米处用一木桩固定。注意四角应做成弧形,防止甲鱼沿夹角攀爬外逃;第二种防逃设施是采用麻布网片或尼龙网片或有机纱窗和硬质塑料薄膜共同防逃,用高 50 厘米的有机纱窗围在池埂四周,用质量好的直径为 4～5 毫米的聚乙烯绳作为上纲,缝在网布的上缘,缝制时纲绳必须拉紧,针线从纲绳中穿过。然后选取长度为 1.5～1.8 米木桩或毛竹,削掉毛刺,打入泥土中的一端削成锥形,或锯成斜口,沿池埂将桩打入土中 50～60 厘米,桩间距 3 米左右,并使桩与桩之间呈直线排列,池塘拐角处呈圆弧形。将网的上纲固定在木桩上,使网高保持不低于 40 厘米,然后在网上部距顶端 10 厘米处再缝上一条宽 25 厘米的硬质塑料薄膜即可,针距以小甲鱼逃不出为准,针线拉紧;第三种就是用砖块砌成高 45 厘米的围墙,墙的内壁必须用水泥抹平,顶端做成反檐,防止甲鱼逃跑;第四种就是用玻璃防逃,玻璃可采用专门定做,规则 50 厘米×50 厘米为宜,由于玻璃的表面光滑,甲鱼无法逃跑,但要注意的是在安装玻璃时一定要将两块玻璃的衔接面做好,不能给甲鱼逃跑的机会。

另外为了防止夏天雨季冲毁堤埂,可以在池埂上开设一个溢水口,溢水口用双层密网过滤,防止甲鱼乘机顶水逃走。

在做好以上的防逃工作后,为了确保甲鱼的安全,建议再采取一道补救措施,我们也称之为防逃保险措施。就是为防止甲鱼万一偷逃出池塘,可在排水沟的末端再增设两道拦网。一般选购网眼直径不大于 0.5 厘米的钢丝网,采用铁片或木条支撑，做成网板，安装固定于排水沟中。安装两道拦网的目的主要是为防止第一道网万一被垃圾堵上后，仍有第二道拦网可以有效地防止其逃跑。同时可在排水沟里放几只地笼，如果地笼时有甲鱼出现，那就要注意检查第一道防逃设施了。

第五节　甲鱼的选购与放养

要养好甲鱼，首先就要选好甲鱼的苗种。从许多养殖专业户和本人的实践经验来看，选购甲鱼应考虑几点：一是从技术上来鉴别甲鱼的好坏；二是从养殖模式上来选择甲鱼苗种；三是从养殖适应性上来选择甲鱼的适宜地理品系；四从来源上寻找一个可靠的供种单位，从而选购到高产质优的甲鱼种苗。当然其他的一些因素也不能忽略。

一、苗种选购要点

1. 选购品种的确定

由于甲鱼的地理品系繁多，近年来不断引进的一些国外新品种，目前我国有近十个不同的地理品系供养殖，由于这些甲鱼中有许多品种体貌特征非常相似，而生活习性、生长速度、繁殖量、产肉率、品味质量及综合价值极不相同，饲养后经济效益相差悬殊。因此对同种异名、异种同名、体貌相近等甲鱼，要正确区分，防止假冒伪劣。有一点要注意的是一定要选择优质高产、生命力强、适合当地饲养的品种,千万不能水土不服而造成损失。

2. 甲鱼苗种的来源

甲鱼苗的来源,主要是两个方面,即从专业户批量购买的小甲鱼苗和从市场购买的大甲鱼苗和商品甲鱼,首先应分级暂养。按大小分别寄养于塘角或分格的小塘里,待10～15天适应新环境后,放入养殖塘;市场上买来的受伤小甲鱼苗和商品甲鱼,要单独饲养到伤愈后再投放。

3. 选择合法证照齐全的单位

要到有资质的正规良种单位去引种,不要通过来路不明的中间贩子来引种,一个合法的供种单位应该证照齐全,我们建议在购种时一定要对这些证照进行验证,否则就不具备经营条件。只有合法的供种单位,才能确保引进的甲鱼品种纯正。引种时最好到供种场家池子中直接捞取选购,不要引进种质不明、来路不清的品种,更不要引进假良种。

4. 选择有繁育场地的单位

选择能提供高产质优甲鱼苗种和技术支持的单位,这些单位都有较好的固定生产实验繁殖基地,而且形成了一定的规模,都有较多的品种和较大的数量群体,千万不要到没有繁育能力的养殖场所引种。引种前最好亲自到引种单位去考察摸底,引种时最好到供种场家池子中直接捞取选购,以避免购进不好的甲鱼苗种。

5. 选择技术有保证的单位

选择有完善的售后服务的供种单位,这些技术服务包括购种中的不正常死亡、放养后的伤害和死亡、繁殖时雌雄搭配不当,这些都要能及时调换,同时可以提供市场信息,进行相关的技术指导,这样的单位是可以信赖的。

6. 苗种要健康

不论是哪里的品种,引进时一定要确保苗种健康,在引种前进行抽检并做病原检疫,不能将病原带进自己的养殖场,对于那些处于发病状态的甲鱼品种,即使性能再优良,也不要引进。

7. 循序渐进地引种

如果不是本地苗种,确实是从外地引进的新的地理品系,甚至是从国外引进的新品种,在初次引进时数量要少些,在引进后做一些隔离驯养和养殖观察,只有经过论证后发现确实有养殖优势的,再大量引进;如果发现引进的品种不适应当地的养殖环境或者说引进的品种根本没有养殖优势,就不要再盲目引进。

8. 尽量选择本地品种

在甲鱼养殖服务过程中,我们发现养殖优势最明显的还是适应本地环境的本地品种,这是因为这些品种都是经过在本地域生态环境中长期适应进化的最优品种,它们对本地环境的适应性、对本地温度的适应性、对本地天然饵料的适应性,都要比其他外来的品种要有优势,另外,它们对本地养殖过程中发生的病害的抵抗能力、后代的繁殖和本身形态体色的稳定性,都具有任何外来品种所无法比拟的优势。最明显的一个例子就是引进的泰国鳖,在泰国当地可以自然越冬,而在我国只能在温室中养殖,却不能在野外进行自然越冬养殖(华南地区除外);日本鳖虽然从从长速度上要比我国特产的中华鳖的本地土著品种有明显的优势,但是它对水生环境的适应性比较特殊,到目前为止,仍然成为我国许多地区影响日本鳖成活率的一个致命因素。

二、判断健康的甲鱼

1. 看甲鱼的反应

应选择反应灵敏,两眼有神,眼球上无白点和分泌物,四肢有劲,用手拉扯时不易拉出的甲鱼,这种情况都是优质甲鱼的表现。

2. 看甲鱼的活动

甲鱼活动时头后部及四肢伸缩自如,可用一硬竹筷刺激甲鱼头部,让它咬住,再一手拉筷子,以拉长它的颈部,另一手在颈部细摸,颈部腹面无针状异物。当把它的腹甲翻过来朝上放置时,它会很快翻转过来。在它爬行时,四肢能将身体支撑起行走,而不是身体拖着地爬,凡身体拖着地爬行的不宜选购。

3. 看甲鱼的吃食与饮水

如果甲鱼能主动进食,会争食饵料,而且它们的粪便呈长条圆柱形、团状,深绿色,说明是优质甲鱼苗种。在选购甲鱼苗种时,可将甲鱼放入水中,若长时间漂浮在水面或身体倾斜,甲鱼不能自由地沉入水底,这样的甲鱼是有病的,当然不宜选购;另外也将甲鱼放入浅水中,水位是甲鱼的背甲高度一半,观察甲鱼是否饮水,若大量、长时间饮水,则为不健康的甲鱼。

4. 掂体重

用手掂量甲鱼的体重时,健康甲鱼放在手中是沉甸甸的较重的感觉,若感觉甲鱼体重较轻,则不宜选购。

5. 查甲鱼的舌部

用硬物将甲鱼的嘴扒开,仔细查看它的舌部。健康的甲鱼,舌表面为粉红色,且湿润,舌苔的表面有薄薄的白苔或薄黄苔;不健康的甲鱼,则舌表面为白色、赤红、青色,舌苔厚,呈深黄、乳白色或黑色。

6. 看甲鱼的鼻部

健康的甲鱼,鼻部干燥,但鼻部无龟裂,口腔四周清洁,无黏液;而不健康的甲鱼,则鼻部有鼻液流出,鼻部四周潮湿,患病严重的甲鱼,鼻孔出血。

7. 看甲鱼的各个部位

主要是查看甲鱼的外表、体表是否有破损,四肢的鳞片是否有掉落,四肢的爪是否缺少。四肢的腋、胯窝处是否有寄生虫,看甲鱼的肌肉是否饱满,皮下是否有气肿、浮肿。凡外形完整,无伤无病,肌肉肥厚,腹甲有光泽,背胛肋骨模糊,裙厚而上翘,四腿粗而有劲,动作敏捷的为优等甲鱼;反之,为劣等甲鱼。

8. 看甲鱼的力量

抓住甲鱼,然后用物向外拉它的四肢,健康的甲鱼不易拉出,收缩有力。再用手抓住甲鱼的后腿胯窝处,如活动迅速、四脚乱蹬、凶猛有力的为优等甲鱼;如活动不灵活、四脚微动甚至不动的为劣等甲鱼。

三、选购甲鱼的最佳时间

选购甲鱼的时间是有讲究的,一般不宜在秋未初冬或初春,因为这个时候正是甲鱼处于将要冬眠和冬眠的初醒状态,它的体质和进食情况不易掌握,成活率低。根据许多甲鱼养殖专家的经验,挑选甲鱼的时间宜在每年的5~9月,此时有部分稚甲鱼刚出壳,冬眠的甲鱼也已苏醒,正处于生长阶段,活动比较正常,而且活动量大,能主动进食,对温度、气候都非常适应,购买时可以很好地观察到甲鱼的健康状况,便于挑选,容易区分患病甲鱼。如果这时能买到合适的甲鱼,是非常容易饲养的,而且对温度、气候、环境的适应能力都很强。

四、甲鱼的放养规格和密度

多年来多数养殖户在池塘甲鱼养殖过程中，为了甲鱼快速生长而采取低养殖密度，但却往往不能达到理想的效果。其原因有两方面：首先，甲鱼是一种争食性很强的动物，低密度下甲鱼争食性下降，反不利于生长；其次，由于甲鱼数量少，在投饵方面难于控制，少投则摄食量不足，多投则又容易造成甲鱼过食而引起病害，所以应根据甲鱼池的生态环境，确定合理的放养密度。根据一些养殖场的生产实践表明，150 克以上的甲鱼每亩放养 700～1000 只，50～150 克的甲鱼亩放养 1300～2000 只，少了效益差；多了技术难以跟上。由于太小的甲鱼苗对环境的适应能力不足，对自身的保护能力也不足，因此建议个体太小的幼甲鱼最好不作为池塘养殖对象，可在温室里养殖一个冬季，到第二年四月再投放到大塘里。

五、甲鱼放养技巧

甲鱼在放养要做好以下几点工作：一是甲鱼苗种质量要保证，即放养的小甲鱼要求体质健壮、无病、无伤、无寄生虫附着，最好达到一定规格，确保能按时长到上市规格的优质甲鱼苗种。二是做到适时放养。根据甲鱼的生活特性，甲鱼苗种放养一般在晚秋或早春，水温达到 10～12℃时放养。三是合理放养密度，根据甲鱼池的生态环境，确定合理的放养密度。四是放养前要注意消毒，可用

5％的食盐水溶液消毒 10 分钟后再放入池塘中。

第六节　　科学投喂

一、选择适合的饲料

饲料是保证甲鱼正常生长的物质基础,营养不足将影响甲鱼的生长,饲料质量差或适口性差将使甲鱼的摄食严重不足,降低对疾病的抵抗力。尤其是当在温室中培育的甲鱼在移至室外池塘放养时,它们的体质均相对较弱,急需补充营养,以便快速恢复体质,减少疾病的发生,立即进入快速生长阶段。因此选择适口性好,营养全面的优质配合饲料成为甲鱼养殖的关键。

饲料在养殖成本中占 40％左右,饲料的投喂与所选饲料品质的好坏,决定了养殖成本控制的成败。特种水产饲料行业也进入薄利阶段,只有靠规模效应来降低成本,提高市场竞争力,靠稳定的质量塑造品牌。因此作为甲鱼养殖户,不应图便宜使用劣质饲料,选择饲料应选择大型正规厂家生产的全价配合饲料,大型厂家的技术与设备决定了饲料的技术含量与品质,选择高品质饲料是降低成本的关键之举。

我们可以通过一个例子来说明饲料在选择时的价格和成本的关系。例如某优质饲料,市场价格 8000/吨,饵料系数能达到 1.2,养殖出 1 吨甲鱼需 8000×1.2＝9600 元,即每养殖 500 克甲鱼的饲料成本为 4.8 元;某品质较差的

饲料 7500 元/吨,饵料系数 1.5,养殖出一吨甲鱼需 7500×
1.5＝11250 元,即每养殖 500 克甲鱼的饲料成本为 5.6
元。仅此一项,每养殖 500 克甲鱼饲料成本差距就在 1.2
元,这还不包括优质饲料所带来了生长速度快、病害少、死
亡率低等降低成本的因素。如此优势,无疑增强了采用优
质饲料养殖甲鱼的市场竞争力。

二、搭建食台

使用池塘养殖甲鱼,投入的饲料有时不能一下子被吃
完,它们会慢慢地沉入池底沉积,另外甲鱼在取食过程中
也常常会把大量的饲料带入泥土中,从而造成极大的浪
费。因此,养殖户有必要设立专门的投料台。一方面可节
约饵料,可提高饲料利用率,减少甚至避免饲料的浪费,并
及时清除未吃完的饲料,同时也有利于让甲鱼养成一种定
点取食的习惯,缓解抢食情况,更重要的可以通过对食台
的监测,及时了解甲鱼的摄食情况和疾病发生情况,提高
养殖的经济效益。

甲鱼食台的搭建,可以用三种方式,第一种是利用土
质较硬、无污泥、水深 0.5 米的池底整修而成。第二种是
用木盘、竹席、芦席制成一个方形的食台,设置在水面下
30～50 厘米处,在那些水浅或水位稳定的水域用竹、木框
制成,而在水较深或水位不稳定的水域用三角形浮架锚固
定。第三种方法是就地取材,直接将食料投放到水草上,
若水草过于丰茂,投下的料不能接近水面,则可将欲投料
点的水草剪去上部或在投料前用木棒等工具将水草往下

压,使投入的饲料能够入水或接近水面即可。春季搭的食台应靠水面(浅些),夏秋季食台应深些。一般一个甲鱼养殖池可设立多个投食台。

设置位置应避风向阳、安静,靠近岸边,以便观察吃食情况。场处应设浮标,以便指示其确切位置,避免将饲料投到外边。

三、水上栅板条状投喂法

颗粒饲料投喂时最好定位,如果选择固定场所投喂,这样甲鱼形成习惯之后,会自动群集索食。甲鱼投喂饲料时,可采用多种方法来实现定位投喂的效果。

水上栅板条状投喂法,就是一种把饲料做成圆柱形长条状放在一块特制的带栅栏的食台板上投喂的方法。栅板的制作方法:取厚 2 厘米、宽 25 厘米、长根据投饵池边的长而定的木板,然后在离长边 10 厘米处顺长边钻一排栅柱孔,孔距为 1 厘米(一般以稚甲鱼爬不进去为宜),栅柱粗细约为普通竹筷子的一半粗,长 15 厘米,钉于栅孔上即可。料板制好后与水平面呈 30 度斜置于甲鱼养殖池边,其中栅下 2 厘米于水中,而板的底部则再铺一排水泥瓦,供甲鱼爬行吃食。

饲料条的粗细根据甲鱼的大小而定,一般稚甲鱼苗阶段(10~15 克)为 1~3 厘米直径粗,幼甲鱼阶段(50~200克)为 3~5 厘米直径粗,成年甲鱼阶段(200 克以上)为 5~8厘米直径粗即可。投喂时料条顺放在料板上,以后根据甲鱼的长大情况可逐渐抽掉部分栅钉以增大栅距,以便甲鱼能伸入头颈吃食,这种方法的优点是饲料在水上食台中因有栅栏阻拦,饲料掉不到水中,而甲鱼也不能随便爬到饲料板上抓坏饲料。由于饲料条较粗,即使有点湿度,饲料也不会糊烂,而甲鱼在吃食时也是咬多少吃多少,不会把饲料撒落到水中,从而也减少浪费和对水质的污染。投喂 3 小时后,如有剩余饲料也易收起。由于在板上能掌握吃食量,也较容易调整投饲量,是目前较好的一种水上投饵法。这种方法也适用在室外的精养池塘。

四、石棉瓦半水投料法

实践表明,颗粒饵料投放在饲料台水陆交界点,是比较适合甲鱼的摄食习惯,而且饲料浪费少。可用石棉瓦垒成斜面,1/3 伸入水中,2/3 露出水面,饵料就投放在石棉瓦的槽中,先投放在水下,再投放到水陆交界处,最后引导到水位线上面的瓦槽中。水上投饵,只要保持环境安静、水质稳定,当甲鱼摄食时不受外界干扰,并满足其需要的最佳温度,甲鱼的摄食量不仅不会减少,而且饵料利用率高,有利于添加防病促长剂,是目前最合理、最经济的方式。水上投饵需要注意的是:尽可能扩大食台面积,用多个石棉瓦组成,以食台长度占甲鱼养殖池一边的 80% 为准,让更多的甲鱼能找到自己的食台位,减少个体差异。在水族箱中投喂时,也要注意不要让甲鱼过度争食,以免造成伤害。

对于甲鱼、鱼混养池,为避免肉食性鱼类对食物的竞争,每亩甲鱼养殖池应设马鞍形食台 2~3 个,让甲鱼和鱼

"分灶吃饭"。在投喂甲鱼饲料半小时之后,再投喂甲鱼饲料。

五、水下栅笼投饵法

首先是做好饲料板,饲料板可用厚 3 厘米、宽 12 厘米、长根据投饵处池边的长度自定,做法与水上栅栏状的相同,但栅笼状须两边有栅栏,以免甲鱼在吃食时爬进饲料板抓坏饲料,做好置放时先在饲料板底下垫一排水泥瓦,瓦片离水面 15 厘米处,垫好后再把饲料板平放在水泥瓦上,放好后可用砖块把料板压住,以免饲料板翻转或倾斜。投喂前先把饲料与水用搅拌机充分拌匀,然后用饲料机做成规格与水上投喂相同的条状饲料,投喂时只需把饲料平放在饲料板上即可。大约投喂 3 小时后拿出饲料板,收取剩饵,擦净料板。这种方法污染较少,饲料浪费也较把颗粒直接撒在平面水泥瓦上的少。

六、四定投喂技术

根据甲鱼的生长情况,及时调整日投饵量,投饵时要坚持"四定"原则,即定时、定量、定质、定位。

定质:甲鱼的饵料要新鲜适口,不含病原体或有毒物质,投喂饵料前一定要过滤、消毒干净,以免将病菌和有害物质及害虫带入池塘使甲鱼患病。腐败变质的饵料坚决不可喂甲鱼。

定量:所投饵料在 2 小时内吃完为最适宜的投饵量,不宜时饥时饱,否则就会使甲鱼的消化机能发生紊乱,导致消化系统患病。

定时：指投喂要有规定的时间，一般是一天投喂 1～2 次，如果是投喂一次，通常在下午四时投喂，如果是每天投喂两次，一次在上午九点前投喂，另一次在下午四时左右投喂。

定位：食场固定在向阳无荫、靠近岸边的位置，既能养成甲鱼定点定时摄食的习性，减少饵料的浪费，又有利于检查甲鱼的摄食、运动及健康情况。

七、四看投喂技术

优质饵料的投喂还要采用"四看"投饲技术，它是增强甲鱼对疾病抵抗力的重要措施。

看水色确定投饵量：当水色较浓时，说明水体中浮游微生物较多，可少投饵料，水质较瘦时应多投。

看天气情况确定投饵量：池塘甲鱼的投饵应根据天气的变化而变化。早期由于气温尚偏低，因此多采取水下投饵，以达到多摄食的目的。中期则采取"两头多、中间少"的办法，因两头水温、气温均属甲鱼最适生长条件，因此应多投喂，以加快生长，中间由于温度太高，甲鱼代谢下降，少投饵有利于甲鱼的正常生长。晚期由于天气变凉，气温下降，投饵应改为水下，否则由于温差的原因，甲鱼摄食量将急剧下降。如果天气连续阴雨，甲鱼的食欲会受到影响，宜少投饵料，天气正常时，甲鱼的食欲和活动能力大大增强，此时可多投饵料。

看甲鱼的摄食情况确定投饵量：如果所投饵料能很快

被鱼吃光,而且甲鱼互相抢食,说明投饵量不足,应加大投饵量;如果所投饵料在 2 小时内吃完,说明饵料适宜;如第二次投喂时,仍见部分饵料未吃完,这可能是投喂过多或甲鱼患病造成食欲降低,此时可适当减少投饵量。

看甲鱼的活动情况确定投饵量:如果甲鱼活动能力不旺,精神萎靡,说明甲鱼可能患病,宜减少投饵量并及时诊治并对症下药,如果甲鱼活动正常,则可酌情加大投饵量。

第七节　池塘的养殖管理

一、保持良好的池塘水质

甲鱼的生长好坏有内、外两方面原因,内因是甲鱼对环境的适应性,生存能力的强弱取决于个体不同的生理状况,外因是甲鱼生活环境的变化,因此甲鱼养殖应围绕这两方面进行。保持甲鱼养殖池的水质良好和稳定,是一项复杂、细致的工作,是集约化饲养甲鱼稳产、高产的基本保障。因此要适时调节水质,根据天气、水温、甲鱼的生长情况及时灌注新水或泼洒药物或用光合细菌来调节水质。

二、培养池塘水色

研究表明,酸性水环境中,甲鱼的活动能力减弱,摄食欲望下降,抗病力也降低,而在强碱性环境对甲鱼的皮肤黏膜有损害,因此甲鱼池应多保持在中性偏弱碱性的水环境。所以培养藻类也应以高温弱碱条件下最适合生存的微囊藻为主。培养方法为:施用生石灰 60 千克/亩,过磷酸钙 5 千克/亩,尿素 2 千克/亩,施肥注水培养。水色培养好后,为了防止水体老化或倒水(水变褐色或泛白色),首先应保持经常少量的换水,使浮游植物保持肥、活、嫩、爽;其次,当浮游动物数量偏多时应及时用生石灰及一定量的敌百虫予以杀灭;最后再使用含氯消毒剂后换水 1/4 左右;还有一点要注意的就是每隔 10～15 天加施生石灰(10～15 毫克/升)或漂白 1～2 毫克/升,以保持水质清新,溶氧充足,肥度适中。

三、解救池塘水变

1. 甲鱼池塘的水变

在甲鱼养殖过程中,如果水体的调控措施控制不好,就会导致浮游植物急剧,接着就会出现大批量的浮游植物死亡的现象,这些死亡的浮游植物会沉淀在水底,并吸收水体底部大量的溶解氧来进行分解,从而导致池塘水质严重缺氧,甚至产生有毒物质,这种现象在甲鱼养殖中就称为水变。

甲鱼池塘的水变不是一蹴而就的,是有一个变化的过程,首先是水色先由原来的浓绿或蓝绿急剧变成暗黑色;其次是水体的透明度开始变大,水体逐渐变得澄清透明;再次是水体透明后,说明水体里面的浮游植物已经非常少了,这时的光合作用就会被迫停止,向水体中增加的溶解氧也几乎没有了;第四就是那些死亡的大量浮游植物及原来的有机质在厌氧菌的作用下,会发生剧烈氧化分解,使水体溶氧进一步急剧下降,最终产生大量的有害物质,造成甲鱼摄食及抗病能力下降。

2. 解救水变

一旦甲鱼池塘遇到水变后,就要立即做好池塘解救的工作,主要的方法就是搞好浮游植物的培养来保证甲鱼的健康生长。首先应及时从池塘底部排掉原来池塘里的部分旧水,一方面可以带走部分死亡的浮游植物,另一方面也可以减少池中的有机质含量,降低有害物质的产生,在排水的同时,还要从上游注入新水;其次是在换水后第二天,施放一定量的肥料,如果是生化肥料就更好,来加速浮游植物的繁殖,由于水变水体总氮含量偏高,因此应以施磷肥为主,以达到调节水体氮磷比例,促进浮游植物生长的目的。

四、科学增氧

甲鱼是爬行动物,确实是用肺呼吸的动物,一般情况下,它对水体溶氧的要求确实不高,因为如果水体中溶解氧较低时,它可以爬到岸边或伸出头部呼吸空气中的氧气。但是在养殖池塘高产的情况下,为了保证产量和甲鱼的健康生长,水体还是要保持4毫克/升以上的溶氧,这是因为甲鱼大量含丰富蛋白质的排泄物和跌落水体中的饲料如不能有氧分解,在高温的条件下进行酵解,易造成二氧化碳、硫化氢、氨氮等有害物质在水体中积累,引起水体恶化,导致甲鱼摄食下降及抗病力减弱。一旦发生池塘溶氧下降时,应及时注入新水或开动增氧机增氧,也可以采取化学方法来补充水体溶氧,例如施加粒粒氧、增氧粒、过氧化钠等,及时提供氧气,来保证甲鱼的健康生长。

五、及时分池

即使同规格下池的甲鱼,经一段时间的饲养后,由于它们个体的原因,也会导致规格慢慢地出现参差不齐的现象,长此以往不利于产量的提高。所以,在甲鱼放养和生长期间,应经过筛选,及时将大、中、小规格的甲鱼分池饲养。

六、疾病预防治

在池塘养殖甲鱼时,用药应以预防为主,治疗为辅。首先甲鱼开始进行养殖时应投喂一定量的抗菌药,以增加其抵抗力;其次是甲鱼苗种入池后,养殖甲鱼的工具和饵料台严格消毒,防止疾病发生;再次是在高温期间,以投喂清凉解毒、保肝、护肝的中草药为主;后期则尽量减少用药以保证甲鱼无残留、食用安全;最后就是要搭好晒台让甲鱼经常"晒背",借助"日光浴",使甲鱼背上附着的污秽晒枯而脱落。

根据甲鱼疾病发生规律,一旦发病,就要泼洒防病药物和投喂药饵,以预防疾病的发生和蔓延;对于那些患病甲鱼,如果能捕捉的话,就要单独喂养,用磺胺类药物拌饵投喂;对于不方便捕捉的甲鱼,在治疗过程中由于水体较大,这时应以内服药为主,外用药为辅,而内服药则应掌握适时用药,对症下药,用足药量,来确保治疗效果。

七、防逃工作要到位

在池塘养殖甲鱼时,对防逃工作要时时抓,抓到实处,千万不能放松,因此在日常防逃时要做好以下几点工作:一是养殖户应尽可能多到池边查看,有条件的可于每天早、中、晚巡池一次,如条件许可,更应经常巡池。一些从事规模养殖甲鱼的,更应抽时间巡视,不要认为交给养殖人员去养就一了百了。养殖业是个要求责任心很强的行业,任何粗心大意都可能使养殖效果大打折扣,甚至导致养殖失败。尤其是在下雨天气,我们更应加强巡视。看是否有排水管堵塞现象,看排水沟是否通畅,看是否有甲鱼逃出池外等,通过巡视,我们能及时发现问题,并想法加以改进,从而避免或减少损失。

二是要经常检查水位、池底裂缝及排水孔的栏鱼设备,及时修好池壁,堵塞甲鱼逃跑的途径。

三是在雨天还要重点注意溢水口是否畅通,拦鱼网是否牢固,以防甲鱼外逃。

四是要检查池塘防逃设施内部要干净,养殖甲鱼的池边不能有草绳、木棒延伸池外,因为甲鱼会利用这种机会逃逸。

第八节　　甲鱼的越冬

甲鱼是冷血动物,对环境温度变化特别敏感,冬眠是它们的一个基本生活习性,也是它们的一个正常行为,加强冬眠期的管理工作,对提高它的生命力具有重要作用。

长江流域,在 11 月份水温降至 12℃时,甲鱼即潜入池底泥沙中,不吃不动,进入冬眠状态,次年 4 月,水温高于 15℃时,恢复活力,以此度过长达半年之久的冬季。在养殖时,我们就要根据各地具体情况,采取各种有效措施,尽量缩短"冬眠期",增加甲鱼的生长期,提高经济效益。

一、越冬前的准备

一般在甲鱼冬眠前需要做好以下几个准备工作。

首先,在进入秋季,当温度逐渐降低时,投喂的饵料次数、数量都要逐渐减少,避免因温度过低而导致甲鱼造成肠胃炎等疾病。

其次,积极做好冬眠前的准备工作,在 10 月下旬,要对甲鱼进行全身检查,主要是检查甲鱼的体表和体内是否有寄生虫。同时要对甲鱼池进行清整一次,既能检查甲鱼的健康状况,又能清点数量,同时发现问题又能及时解决,避免冬眠期的损失。

再次,加强越冬前的强化培育,是帮助甲鱼恢复体质一个有效措施。越冬前的一两个月投喂的饲料应增加一些动物性饲料,配合饲料也应添加 3％～5％的植物油,

2%～3%的复合维生素等,促使甲鱼体内存贮一定量的脂肪,如果甲鱼的体内没有积存足够脂肪时可能无法活过冬眠,所以有冬眠现象的甲鱼要注意冬眠前的食物补充。方法是从9月开始,要让甲鱼顿顿吃饱,一天2次,吃一个月,储备足够的越冬脂肪。满足越冬期间的能量需要。

第四,选择好的越冬场所。自然温越冬用的养殖池要考虑到低温时防寒防冻的需要,选择阳光充足、避风向阳、环境安静的池塘,池宜深些,一般池深在1.5～2.0米,池底铺20～30厘米的软泥。

第五,仔细观察甲鱼的粪便是否正常,以确定甲鱼是否有病。冬眠通常伴随着白天的缩短与寒流的侵袭所带来的食物的匮乏以及气候条件对甲鱼正常行为的不利等因素。在冬眠过程中体内新陈代谢减慢,甲鱼的免疫和其他自我保护系统减慢或停止。因为这些变化疾病会趁虚而入,一些看似不起眼的小病却会给甲鱼带来不小的麻烦,所以建议养殖甲鱼时不能让患病甲鱼或虚弱的甲鱼冬眠。

第六,做好自然冬眠的准备工作,甲鱼在自然冬眠时,大多躲在较阴暗且温暖的地方,或是离水将自己埋入落叶或杂草堆中,因此在人工养殖时可以人为地提供这些环境或场所。一星期一次补水,保持环境的湿润。

二、稚甲鱼越冬

刚出壳的小甲鱼叫稚甲鱼,稚甲鱼的安全越冬是池塘养殖甲鱼成败的关键之一。

一是加强秋季饲养管理,增强稚甲鱼体质。甲鱼苗种为了能安全越冬,在稚甲鱼阶段就必须强化培育,主要是投喂稚甲鱼爱吃的营养丰富的饲料,如黄粉虫、蚕蛹、蚯蚓、蜗牛、螺蚌、小鱼、小虾等,饲料要求达到细、软、精、嫩,营养全面易消化。经过训化后的稚甲鱼饵料中在人工配合饲料中添加鱼糜、螺肉、猪肝、牛肝和菜果汁,日投饵量为稚甲鱼体重的5%~7%,每天分两次投,早晚各一次,方法是用菜果汁将粉状配合饲与鱼、螺糜掺和,揉成面团后切成2毫米的水颗粒放在投料台上让甲鱼自由采食,增强甲鱼的体质。在投食2小时后将残剩饵料收回另行处理。另外,当水温接近15℃时可向饵料中添加2%~3%脂肪以增加稚甲鱼的能量储备。

二是选择合适的越冬方式,对于那些早期出壳且体重在50克以上的稚甲鱼可在室外越冬池自行越冬,而体重不到50克的稚甲鱼最好在室内越冬,室内越冬方式又可分为控温越冬和不控温越冬或其他方式越冬。

三是放养前应认真选苗一次,凡患病甲鱼、瘦弱甲鱼、带伤甲鱼一概不入池越冬,可另外加温养殖。选出的好壮苗在移入越冬池前进行一次灭菌消毒处理,消毒方法可在20毫克/升的高锰酸钾溶液中浸泡15分钟。越冬放养密度要合适,一般甲鱼的密度为100~150只。

四是加强越冬管理。霜降后(10月底)1周内,应将稚甲鱼从室外转入室内池越冬。室内池预先要放入泥砂,并用清水或自来水将沙冲洗干净。稚甲鱼潜入泥砂后,池上需加网罩,以防敌害侵袭。室内越冬池湿度,要保持0℃以上,防止池水冰冻。气温过低时,可在池上加盖稻草帘。若遇严寒结冰需及时破冰增氧,在越冬期尽量不要搅动池水。

三、幼甲鱼越冬

稚甲鱼经越冬后,到第二年就继续生长,此时的甲鱼性腺尚未成熟,这个阶段称幼甲鱼。由于幼甲鱼自身对环境的适应能力比较差,它们抗低温能力也不强,因此做好幼甲鱼尤其是二龄幼甲鱼的越冬也很重要。

在越冬前一定要多投喂优质饵料,促进它们的体质更健壮,更能抵抗疾病的侵袭。甲鱼在入池前必须检查,用消毒液浸泡消毒。

幼甲鱼的越冬可分为两种,一种是在室外池中自然越冬,另一种就是在室内水泥池越冬。如果是大规模养殖时,可以留在室外自然池中越冬,密度要适宜,根据实践,以每平方米 15～25 只,水深 1.2 米以上。越冬池最好在避风向阳地方,以半亩为宜,开挖成长条形,在越冬前要在池底放 10～20 厘米厚的淤泥,并施有机肥 100 千克/亩,同时池上搭防寒架,架上放塑料薄膜,留 1～2 个通气管,薄膜上盖草帘就可越冬。

如果是在室内越冬,就要保证细沙土至少在 30 厘米左右,同时室内温度不能低于 7℃。

四、甲鱼亲本越冬

首先是在越冬前加强投喂,以精饲料为主,使越冬甲鱼亲本体内贮存一定量的营养物质。

其次是选择合适的越冬池,甲鱼亲本都是在室外的土池中越冬的,越冬池应选择避风向阳安静的地方。池底要有20厘米厚的淤泥,让甲鱼潜入淤泥中越冬。

再次就是选择好甲鱼亲本,越冬前,对亲本严格挑选、检查。要求甲鱼亲本体色正常,体质健壮。钩钓、叉捉、电捕、体表伤残,爬行迟缓的甲鱼,都不能入池越冬。

最后就是加强管理,主要是保持水位的相对恒定和防止敌害侵袭。

五、商品甲鱼越冬

商品甲鱼也叫成熟甲鱼,越冬方法和亲本甲鱼基本相同。健康的甲鱼进入冬眠后,重点是要做好越冬期间的管理工作。

一是在越冬期间调节好水位和水质。适宜越冬的水温在4~8℃。越冬期间养殖甲鱼池的水位应保持在1.5米左右,1~2月份调换部分池水,保持甲鱼池周围的环境安静,以免甲鱼在水中受惊吓,频繁活动,消耗能量。另外,还必须保持水质具有一定的肥度。

二是冬眠期的甲鱼,长期潜伏在水底,管理上主要是及时补充因蒸发而减少的水分,以保持池内水分的稳定。

三是经常巡视甲鱼池,发现如果有漂浮的甲鱼、上岸的甲鱼、反应迟钝的甲鱼,应及时捞起,早日处理,防止传染,比如可以及时隔离加温饲养,以帮助它们恢复体质。

六、甲鱼越冬苏醒后的管理

当自然界气温多日达到 20℃ 时,可通过换新池水的方法使越冬甲鱼复苏。先做好放养池的消毒工作,然后蓄水 30 厘米;选择晴好的日子把越冬池水排干,将越冬后的甲鱼一只只捞出洗净移入水温超过 15℃ 的养殖池就可以了,这仅仅是完成越冬甲鱼苏醒后管理工作的第一步。

在移入新池后的十天至半月间,要每天观察越冬后的甲鱼活动情况,将活动很缓慢或根本不动的甲鱼及时取出,放在另一个小水体里进行重点养殖并观察。复苏两天后的甲鱼就可以投喂饵料了,这时要求饵料质量最好,能满足甲鱼迅速增加营养的需要。最好是鲜活的蚯蚓、黄粉虫、螺蛳肉等活饵料,如果是用人工配合饲料可添加新鲜的鱼肉糜,促使这些越冬后的甲鱼能尽快补充营养并迅速恢复身体。另外还有一项重要的管理工作就是要保持池水新鲜干净,每 3 天须换水 1 次。刚刚从冬眠状态下苏醒过来时的气候,还非常不稳定,常伴有倒春寒的现象发生,因此要认真做防范,养殖池一定要加盖棚膜注意保温。

第五章 甲鱼的混养技术是赚钱的有效途径

甲鱼和鱼混养符合生态原理,是一种综合的养殖方式。甲鱼和鱼混养的优点较多,适宜推广,一是甲鱼是两栖性,既可生活在陆地上,也可生活在水中,即使生活在水中,也大多潜居水底,有时也上岸晒壳、摄食、活动,因此甲鱼与鱼类混养可以有效提高水体利用率,充分利用池埂场所。二是由于甲鱼的上下频繁活动,促进了上下水层的对流,防止水体温度分层和底部溶氧不足。三是甲鱼的爬行,可加速池底有机物分解,降低了有机物耗氧量,减轻"泛池"死鱼的危害,同时为浮游植物的繁殖提供了营养物质。四是甲鱼和鱼混养,鱼类不仅可以直接摄食甲鱼的残饵及粪便,而甲鱼则能吃掉行动缓慢的伤病鱼和死鱼,起到防止病原体扩散和减少鱼病发生的作用。

试验表明,在混养鱼类密度达 0.9 千克/平方米和甲鱼密度达 0.5 千克/平方米时,不需要另外设置增氧设备,甲鱼和鱼仍能正常生长。各地的生产实践证明,甲鱼和鱼混养的经济效益显著,投入产出比达 1:1.5~2。

第一节 亲鱼塘混养甲鱼

池塘混养是我国池塘养殖的特色,也是提高池塘水生经济动物产量的重要措施之一,混养可以合理利用饲料和水体,发挥养殖甲鱼、鱼、虾类之间的互利作用,降低养殖成本,提高养殖产量。亲鱼塘一般具有面积大、池水深、水质较好和放养密度相对较低等特点,在充分利用有效水体和不影响亲鱼生长的情况下,适当混养甲鱼,既可消灭池中小杂鱼,又可增加经济收入。

一、混养池塘环境要求

池塘大小、位置、面积等条件应随主养鱼类而定,池底硬土质,无淤泥,池壁必须有坡度,且坡度要大于3∶1。亲鱼池塘要选择水源充足、水质良好,水深为1.5米以上的成鱼养殖池塘。

池塘必须是无污染的江、河、湖、库等大水体地表水作水源,池中的浮游动物、底栖动物、小鱼、小虾等天然饲料丰富。池塘的防逃设施也要做好,可用钙塑板进行防逃,也可用玻璃做成防逃设备。

池塘要有良好的排灌系统,一端上部进水,另一端池底部排水,进排水口都要有防敌害、防逃网罩。

池塘底部应有约1/5底面积的沉水植物区,并有足够的人工隐蔽物,如废轮胎、网片、PVC管、废瓦缸、竹排等。

二、放养时间

甲鱼的放养时间一般是在4月初进行,太迟和太早都对生长不利,亲鱼的放养是按照亲鱼的培育要求来放养的,一般是在四大亲家鱼的亲鱼池里套养甲鱼。

三、放养数量

在以鲢鱼或鳙鱼为主养鱼的亲鱼池,每亩放养甲鱼120 只,规格为 100～150 克/只。若是以后备亲鱼为主的池塘,可在 6 月底至 7 月初每亩投放草鱼夏花鱼种 600 尾。

四、防逃设施

具体的防逃设施和前文是一样的,不再赘述。

五、饲料投喂

根据放养量池塘本身的资源条件来看,一般不需对甲鱼进行专门投饵,混养的甲鱼以池塘中的野杂鱼和其他主养鱼吃剩的饲料为食,如发现鱼塘中确实饵料不足可适当投喂。只是按常规亲鱼的培育进行投饵管理。

六、日常管理

首先,每天坚持早晚各巡塘一次,早上观察有无鱼浮头现象,如浮头过久,应适时加注新水或开动增氧机,下午检查鱼吃食情况,以确定次日投饵量,另外,酷热季节,天气突变时,应加强夜间巡塘,防止意外。

其次,适时注水,改善水质,一般 15～20 天加注新水一次,天气干旱时,应增加注水次数,如果鱼塘载体量高,必须配备增氧机,并科学使用增氧机。

再次,定期检查鱼生长情况,如发现生长缓慢,则须加强投喂。

最后,做好病害防治工作,甲鱼下塘前要用 3% 的食盐水浸浴 10 分钟。

七、养殖效益

首先,甲鱼的生长速度快,因为密度稀疏,甲鱼苗养到 1.5 斤左右的上市规格只需一年的时间就足够。

其次,生态效益好,因为甲鱼密度低,基本不会发生病害,也就不存在药物成本了,没有了病害,成活率也就非常高,这是增加效益的关键点。

最后,销售价格高也是混养的另一大优势。由于混养的甲鱼不喂饲料及使用任何药物,是一种仿生态的养殖方式,品质好,销售价格也相当高,每斤可卖 80 元,甚至达到 120 元。虽然价格高,但仍然吸引了消费者前来购买,如果一只甲鱼卖 120 元,一亩成活 25 只就有 3000 元的产值,利润 2000 元没问题。

第二节　草鱼与甲鱼混养

在对水产品品质要求越来越高的今天,草鱼混养甲鱼的模式不但提高了品质,符合了市场的需求,还降低了养殖风险,确实是一种增加经济效益的好办法。

一、池塘条件

池塘要选择水源充足、水质良好,水深为 1.8～2.5 米的成鱼养殖池塘,草鱼是主养品种。防逃设施也是要考虑的,和前面的基本上是一样的。

二、放养时间

甲鱼的放养时间一般在 4 月左右进行。草鱼种放养则在 3 月中旬为宜。

三、放养数量

成鱼池每亩放养甲鱼 20～30 只,规格为 150～200 克/只。每亩投放规格为 1000 克的草鱼 400 尾,兼养少量的鲢、鳙鱼,实行轮捕轮放,两年才清一次塘。

四、饲料投喂

混养甲鱼不投喂饲料,降低了成本。由于主养品种是草鱼,饲料只用草鱼饲料,甲鱼根本不喂饲料。这样做的好处就是使甲鱼的养殖成本非常低,甚至只有种苗成本。利用冬闲田种植黑麦草,为草鱼的冬季提供了丰富的低成本饵料,草鱼只在没有黑麦草可用的时候才喂配合饲料,这样节省了一大笔饲料开支。

五、日常管理

首先,每天坚持早晚各巡塘一次,酷热季节,天气突变时,应加强夜间巡塘,防止意外。

其次,适时注水,改善水质,一般 15～20 天加注新水一次,天气干旱时,应增加注水次数。

再次,定期检查草鱼和甲鱼的生长情况,如发现生长缓慢,则须加强投喂。

最后,做好病害防治工作,甲鱼、草鱼种下塘前要用3％的食盐水浸浴10分钟。

六、养殖效益

首先是甲鱼的生长速度快。因为密度疏,甲鱼苗养到1.5斤以上的上市规格只需一年的时间就足够。

其次是草鱼的效益也高。草鱼亩产达1000～1200斤。

再次就是生态效益好。因为甲鱼密度低,基本不会发生病害,也就不存在药物成本了,没有了病害,成活率也就非常高,这是增加效益的关键点。

最后就是销售价格高也是混养的另一大优势。由于混养的甲鱼不喂饲料及使用任何药物,是一种仿生态的养殖方式,品质好,销售价格也相当高,每斤可卖80元,甚至达到120元。虽然价格高,但仍然吸引了消费者前来购买,如果一只甲鱼卖120元,一亩成活25只就有3000元的产值,利润2000元没问题。

第三节　甲鱼与黄颡鱼的混养

在现有甲鱼池的条件下,利用黄颡鱼对养殖水质的要求与甲鱼没有明显的差异以及其食性与甲鱼无冲突的特性,通过甲鱼与黄颡鱼混养的技术措施,进一步挖掘了甲鱼池塘的生产潜力,提高了经济效益,取得了较好的效果。

甲鱼池混养黄颡鱼是一种可行的生产方式,效果是显著的。这种生产方式对其他鱼类生产没有任何影响,也不增加投资,有效地利用了池塘的生产潜力,并充分利用了饲料。

一、池塘准备

1. 池塘条件

选择合适的甲鱼成鱼养殖池,平均每池面积为 2～5 亩,坡比为 1∶2.5～3,水深 1～1.8 米,以沙底或泥沙底为好,东西长、南北宽,保水性好,不渗漏,池底平整,阳光充足,通风条件较好,水源充足,水质清新无污染,排灌方便,环境幽静。

2. 防逃设施

池塘要有拦鱼设施及防逃设施,以防敌害侵入或甲鱼和黄颡鱼逃走。防逃设施可以采用有机纱窗和硬质塑料薄膜共同防逃,用高 50 厘米的有机纱窗围在池埂四周,将长度为 1.5～1.8 米的木桩或毛竹,沿池埂将桩打入土中 50～60 厘米,桩间距 3 米左右,然后在网上部距顶端 10 厘米处再缝上一条宽 25 厘米的硬质塑料薄膜即可

3. 清塘消毒

在甲鱼、黄颡鱼放养前,饲养池要进行一次彻底的消毒整修工作,加高加固池埂,彻底暴晒池底,清除野杂鱼类和蛙,清塘消毒的药物主要是生石灰、漂白粉等,具体的使

用方法与前文是一样的。

二、放养苗种

1. 鱼种来源

甲鱼、草鱼、白鲢、花鲢都要来自良种场的优质苗种。如果有条件的话,也可以自产鱼种,黄颡鱼苗最好来自大型湖泊的野生鱼种,如果自己可以培育苗种也可以。

甲鱼苗种要求体质健康、无病无伤、四肢粗壮有力、颈项伸缩自如、反应灵敏活泼、背甲和腹甲有明显的光泽。黄颡鱼要求大小一致、无病无伤、色彩艳丽、反应灵活、游动快速。

2. 苗种放养

苗种的放养甲鱼放养密度为 800 只/亩、规格 200～300 克/只,草鱼 15 尾/亩、规格 250 克/尾,花鲢 20 尾/亩、规格 200 克/尾,白鲢 50 尾/亩、规格 250 克/尾,黄颡鱼的密度为 4～8 千克/亩,规格为 15 克/尾。套养密度太高,规格太大易争食,影响甲鱼的产品规格;套养密度太低,规格太小,影响黄颡鱼成活率,起不到增收目的。

三、投喂饲料

黄颡鱼主要担负清野作用,一般密度合理,不单独投喂。由于主养品种为甲鱼,投饵只针对甲鱼投喂,严格按"四定"投饵法进行,并随时观察甲鱼及其他鱼的生长与健康状况,增减投饵量和增加适当药饵。

四、水质管理

由于黄颡鱼易缺氧,因此每口养殖池可配置 1 台小型增氧机,在高温季节晴天中午和黎明前勤开增氧机,保持良好水质和充足的溶氧,确保甲鱼及黄颡鱼的正常生长。

在养殖过程中,要做好水质调控工作,创造良好生态环境满足甲鱼、黄颡鱼生长需要。每 5～7 天注水 1 次,高温季节每天注水 10～20 厘米,使水质保持"新、活、嫩、爽",正常透明度保持在 35 厘米左右。在养殖过程中,每半月用 40～50 毫克/升的生石灰或 1～1.5 毫克/升的漂白粉全池泼洒,来调节水质。

五、防治病害

病害防治遵循"预防为主、防治结合"的原则,坚持生态调节与科学用药相结合,积极采取清塘消毒、自育甲鱼苗种、科学投喂、调节水质等技术措施,预防和控制疾病的发生。注重微生态制剂的应用,每 7～10 天用光合细菌、EM 原露等生物制剂全池泼洒 1 次,并全年用生物制剂溶水喷洒颗粒饲料投喂。定期泼洒生石灰,调节水质,使 pH 为微碱性,并根据水体中常规鱼的病虫害的发病情况,用杀虫剂以及其他方法防治。4～5 月,用用药物杀纤毛虫 1 次;在梅雨结束后,高温来临之前,进行一次水体消毒和内服药饵;夏季,一般每隔 20 天左右用生石灰或消毒剂如二氧化氯等化水全池泼洒一次调控水质;在 9 月中下旬,进行水体消毒和内服药饵。

　　要注意的是：黄颡鱼为无鳞鱼类，甲鱼为爬行动物，它们对不同药物敏感性存在差异，用药一定要慎重，剂量要准确。用药最好在技术员指导下使用。新药最好在小面积试用后，再大面积使用，确保生产安全。

第四节　甲鱼与田螺混养

　　田螺肉丰腴细腻，味道鲜美，富含多种营养成分，既是宾馆、酒家宴席上的一道珍馐，又是街边摊头别有风味的地方小吃，为国内各地城乡居民以及日本、法国等欧亚国家的普遍喜欢食用的水产品之一。现在的炒田螺、麻辣田螺以其独特的风味受到食客们的青睐；当然，更重要的是由于田螺含肉率较高，养殖容易，增殖快速，人工养殖田螺投资少、管理方便、技术简单、效益比较高，是一种优质的动物性饵料，因而有计划地发展田螺养殖，既可满足市场需求，又能为特种水产品如河蟹、黄鳝、甲鱼等特种水产品提供大量喜食的优质活饵料。

一、池塘改造

　　池塘的改造以甲鱼养殖为主。应选择在水源充足、水质良好的地方建池，如果常年有流水那就更好了，可以利用养鱼塘加以改造，也可以利用原有龙虾池、甲鱼养殖池或蟹池进行改造，如果都没有现成的池塘，那就要自己建设新的养殖池。

池塘的四周可用砖块砌成 1 米高的防逃墙,也可用硬质钙塑板或玻璃做成防逃设施。要求进排水方便,池塘面积的大小、形状和方向可根据养殖规模而自行确定,在池塘对角处设置进排水口,都要装好防逃设施。

根据甲鱼喜阴怕热怕冷、喜静怕乱、喜洁怕脏的生态习性,可在所养殖的池塘中设置用砖头砌成的暗洞或假山数座,靠近假山的地方安装 60 瓦特的黑光灯数只,可采取高低不同的搭配方式,以引诱远处的蛾虫给甲鱼、鱼捕食。保持池塘的水深在 1.5 米以上。

在混养田螺时,既可开挖专门的养殖池,也可利用稻田、洼地、平坦沟渠、排灌池塘等养殖。只要养殖池的水源有保障,管理方便,没有化肥、农药、工业废水污染的地方就可以了。一般要求池宽 15 米,深 30～50 厘米,长度因地制宜,以便于平时的日常管理和收获时的捕捞操作,养殖池的外围筑一道高 50～80 厘米的土围墙,分池筑出高于水面 20 厘米左右的堤埂,以方便管理人员行走。池的对角应开设一排水口和一进水口,使池水保持流动畅通;进出水口要安装铁丝网或塑料网,防止田螺越池潜逃,养殖池里面要有一定厚度的淤泥。

二、准备工作

1. 清整池塘

对于陈年鱼池,可利用冬闲季节,将池塘中过多淤泥清出,干塘冻晒。加固塘埂,使池塘能保持水深达到 1.5

米以上。消毒清淤后，每亩用生石灰75～100千克化浆全池泼洒，以杀灭黑鱼等敌害。对于新建的鱼池，也要进行池埂的检查和测试，看看有没有可能漏水的地方，涵管是否配套牢固，最好也要先灌水20厘米左右，对新建池塘的底质进行熟化处理。

2. 进水与培肥

在甲鱼苗种或鱼种投放前20天即可进水，水深达到50～60厘米。进水时可用60目筛绢布严格过滤。在放养前一周，首先要先培育天然饵料，方法是用鸡粪和切碎的稻草按3∶1的比例制成堆肥，按每平方米投放1.5千克作为饵料生物培养床。

3. 种草

由于田螺是以草食性为主的杂食动物，因此在池塘里种植水草是必须的，另外水草也是甲鱼和鱼栖息及觅食的好地方。为了兼顾三者的习性，要求池塘里种植的水草分布均匀，种类搭配适当，沉水性、浮水性、挺水性水草要合理，水草种植最大面积不超过四分之一。在池塘中间水位较深的地方种植沉水植物如轮叶黑藻、苦草等，还可以放养一部分浮叶植物如紫背浮萍、绿水芜萍、水浮莲等，浅水区种植挺水植物如茭白、莲藕等。水下设置一丝木条、竹枝、石头等隐蔽物，以利于螺遮荫避暑、攀爬栖息和提供天然饵料、提高养殖经济效益。

三、甲鱼苗种放养

甲鱼苗种质量的好坏，是池塘养殖甲鱼成败的关键措施之一，因此马虎不得。优质的甲鱼苗种应该身体健康、无病无伤、四肢粗壮有力、颈项伸缩自如、反应灵敏活泼、背甲和腹甲有明显的光泽等，个体以每只甲鱼体重 200 克为宜。

甲鱼的放养密度，每亩的放养量为 80～100 只/亩。

四、鱼种的放养

在混养中，应以鲢鳙鱼为主，适当搭配草食性和杂食性鱼类，放养时间宜在 4 月 1 日前后，鲢鳙鱼种规格为 250 克/尾。

五、田螺的放养与培育

田螺的繁殖率很高，生长速度很快，产量也很高，是甲鱼的优良饵料，在这三者的混养中，放养的田螺除了部分上市获利外，其他都是给甲鱼吃的，一方面甲鱼可以捕食幼小的田螺，而对于大一点的田螺，可以捕捉后敲碎给甲鱼吃，还有一点就是田螺对水质控制非常有好处，能有效地控制水体的肥度，这对于池塘高密度养殖甲鱼来说是非常重要的。因此在养殖甲鱼的池塘里放养田螺是很相当好的选择，放养时建议放养亲螺为宜，每亩可放养 150 千克。

田螺的亲螺来源，可以在市场上直接购买，但最好是自己到沟渠、鱼塘、河流里捕捞,既方便又节约资金,更重要的是从市场上购买的亲螺不新鲜,活动能力弱。亲螺质量的好坏直接影响养螺的经济效益,因此要认真挑选,一般应选择螺色青淡、壳薄肉多、个体大、外形圆、螺壳无破损厴片完整者为亲螺。田螺为雌雄异体,一般雌性大而圆,雄性小而长,外形上主要从头部触角上加以区分,雌螺左右两触角大小相同且向前伸展;雄螺的右触角较左触角粗而短,末端向内弯曲,其弯曲部分即为生殖器。田螺群体呈现出"母系氏族"雌螺占绝大多数,占 75%～80%,雄螺仅占 20%～25%。在生殖季节,田螺时常上下或横转作交配动作,受精卵在雌螺育儿囊中发育成仔螺产出。每年的 4～5 月和 9～10 月是田螺的两次生殖旺季。田螺是分批产卵型,产卵数量随环境和亲螺年龄而异,一般每胎 20～30 个,多者 40～60 个,一年可生 150 个以上,产后 2～3 个星期,仔螺重达 0.025g 时即开始摄食,经过一年饲养便可交配受精产卵,繁殖后代。根据生物学家的调查,繁殖的后代经过 14～16 个月的生长又能繁殖仔螺。

六、科学投喂

在这个混养模式中,投饵的重点是田螺,其次是甲鱼。田螺可利用水体中的水草、杂质、有机质等;甲鱼的饵料来源有两个,一个是利用黑光灯来诱集蛾虫供甲鱼吃,另一个就是靠人工养殖的田螺给甲鱼吃。鱼是不需要投饵的,甲鱼和螺的排泄物可以肥水,培养饵料生物供鱼吃食。

七、日常管理

1. 水质管理

水质要保持清新,时常注入新水,使水质保持高溶氧。池塘前期水温较低时,水宜浅,水深可保持在 50 厘米,使水温快速提高,促进甲鱼的生长。随着水温升高,水深应逐渐加深至 1.5 米。

2. 施肥

水草生长期间或缺磷的水域,应每隔 10 天左右施一次磷肥,每次每亩 1.5 千克,以促进水生动物和水草的生长。

3. 巡塘

每日巡塘,主要是检查水质、观察甲鱼摄食情况和池中的鱼数量,及时调整投喂量;大风大雨过后及时检查防逃设施,如有破损及时修补,如有蛙、蛇等敌害及时清除。大水面要防逃、防漏洞。

第五节 甲鱼与南美白对虾混养

一、池塘选择

一般选择可养鱼的池塘或利用低产农田四周挖沟筑

堤改造而成的提水养殖池塘,面积不限,要求水源充足,水质条件良好,池底平坦,底质以砂石或硬质土底为好,无渗漏,进排水方便,虾池的进、排水总渠应分开,进、排水口应用双层密网防逃,同时也能有效地防止蛙卵、野杂鱼卵及幼体进入池塘危害蜕壳的南美白对虾。为便于拉网操作,一般 20 亩左右为宜,水深 1.5～1.8 米,要求环境安静,水陆交通便利,水源水量充足,水质清新无污染。

池塘要做好平整塘底、清整塘埝的工作,使池底和池壁有良好的保水性能,尽可能减少池水的渗漏。对旧塘进行清除淤泥、晒塘和消毒工作,5 月初抽干池水,清除淤泥,每亩用生石灰 100 千克、茶籽饼 50 千克溶化和浸泡后分别全池泼洒,可有效杀灭池中的敌害生物如鲶鱼、泥鳅、乌鳢、蛇、鼠等,争食的野杂鱼类及一些致病菌。

二、池塘的配套

1. 防逃设施

和南美白对虾相比,甲鱼的逃逸能力比较强,因此在进行甲鱼混养殖南美白对虾时,必须考虑到甲鱼的逃跑因素。防逃设施有多种,常用的有两种,具体的使用方法见前文。

2. 隐蔽设施

无论对于南美白对虾还是甲鱼来说,在池塘中设有足够的隐蔽物,对于它们的栖息、隐蔽、生长等都有好处,因此可以设置竹筒、瓦片、网片、砖块、石块、竹排、塑料筒、人工洞穴等隐蔽物体供其栖息穴居,一般每亩要设置 500 个左右的人工巢穴。

3. 其他设施

用塑料薄膜围拦池塘面积的 5% 左右作为南美白对虾的暂养池,同时根据池塘大小配备抽水泵、增氧机等机械设备。

三、苗种投放

石灰水消毒待 7～10 天水质正常后即可放苗。

1. 南美白对虾苗种的放养

南美白对虾要求在 5 月上中旬放养为宜,选购经这检疫的无病毒健康虾苗,规格 2 厘米左右,将虾苗放在浓度为 10 毫克/升的甲醛溶液中浸浴 2～3 分钟后放入大塘饲养。每亩放养量为 1 万～1.5 万尾为宜。同一池塘放养的虾苗规格要一致,一次放足。

2. 甲鱼苗种的放养

根据当地的条件来选择合适自己养殖的甲鱼品种,在我国大部分的水稻地区,建议还是放养中华鳖。甲鱼一定要选择体质健壮、无病无伤、四肢粗壮有力、颈项伸缩自如、生命力强、同一来源、反应灵敏活泼、背甲和腹甲有明显的光泽。每亩放养甲鱼 150 只,规格为 200 克/只。4 月底以前放养结束为宜。放养时先用池水浸 2 分钟后提出片刻,再浸 2 分钟提出,重复三次,再用 3‰～4‰的食盐水溶液浸泡消毒 3～5 分钟,杀灭寄生虫和致病菌,然后放到混养池里。

3. 混养的鱼类

在进行南美白对虾和甲鱼混养时,可适当混养一些鲢鳙鱼等中上层滤食性鱼类,以改善水质,充分利用饵料资源,而且这些混养鱼也可作塘内缺氧的指示鱼类。鱼种规格 15 厘米左右,每亩放养鲢、鳙鱼种 50 尾。

四、投喂饲料

当南美白对虾和甲鱼进入池塘混养后可投喂专用南美白对虾、甲鱼饲料,也可投喂自配饲料,如果是自配饲料,这里介绍一个饲料配方:鱼粉或鱼干粉或血粉 17%、豆饼 38%、麸皮 30%、次粉 10%、骨粉或贝壳粉 3%,另外添加 1‰专用多种维生素和 2%左右的粘合剂。按南美白对虾、甲鱼存塘重量的 3%～5%掌握日投喂量,每天上午7:00～8:00 投喂日总量的 1/3,剩下的在下午 15:00～16:00 投喂,后期加喂一些轧碎的鲜活螺、蚬肉和切碎的南瓜、土豆,作为虾、甲鱼的补充料。平时混养的鲢、鳙鱼不需要单独投喂饵料。

五、水质管理

整个养殖期间始终保持水质达到"肥、爽、活、嫩"的要求,在南美白对虾放养前期要注重培肥水质,适量施用一些基肥,培育小型浮游动物供南美白对虾摄食。每 15～20 天换 1 次水,每次换水 1/3。高温季节及时加水或换水,使池水透明度达 30～35 厘米。每 20 天泼洒一次生石灰水,每次每亩用生石灰 10 千克。在养殖期间还要坚持每天早晚巡塘 1 次,检查水质、溶氧、虾和甲鱼的吃食和活动情况,经常清除敌害。

经过 120 天左右的饲养,南美白对虾长至 12 厘米时即可收获,采用抄网、地笼、虾拖网等工具捕大留小,水温 18℃以下时放水干池捕虾。

第六章　甲鱼仿生态野生养殖是赚钱的新趋势

　　甲鱼仿生态野生养殖就是为甲鱼创造良好的生态环境,加强科学饲养管理,通过在池塘内模仿自然界中野生甲鱼的生活环境和生活方式,全过程利用当地的自然饵料资源,例如河蚌、田螺、鱼虾、瓜果等资源,用这些来源方便易得的新鲜河蚌肉或低值鲢鱼等制成甲鱼喜爱的饲料,这种甲鱼仿生态野生养殖技术,很适合在沿海、沿湖和其他低值鱼资源丰富的地区推广;由于模仿了甲鱼的自然生活习性,因此,在养殖过程中,甲鱼很少发病,也基本上不用药,不但降低了用药成本,而且还提供了无公害的绿色商品甲鱼。尽管养殖周期较长,但其体色和品质均与野生甲鱼相近,售价是温室甲鱼的 3~5 倍,经济效益显著提高。

第一节　池塘的要求及处理

一、池塘的要求

1. 形状

　　仿生态野生养殖甲鱼的池塘一般为长方形,长宽比一般为(2~4)∶1。池底平坦,略向排水口倾斜。

2. 面积

仿生态野生养殖甲鱼时，需要较大的面积，一方面面积较大的池塘建设成本低，另一方面，较大的面积才能模仿甲鱼的野生环境。因此甲鱼仿生态野生养殖池塘面积以 20～30 亩为宜。

3. 深度

仿生态野生养甲鱼的池塘有效水深不低于 0.8 米，一般深度在 1.0～2.0 米，而且有深水区和浅水区，池埂顶面一般要高出池中水面 0.5 米左右。

4. 池底

仿生态野生养殖的池塘底质以沙壤土为好，质地疏松，富含各种浮游生物，在条件良好时，表层还可生出部分小型水草，具有良好的吸附缓冲和生态去污能力，以及增氧降氨作用，对保护稚甲鱼的幼嫩皮肤，保持商品甲鱼的体色都有好处。

5. 池埂

池埂的宽度应根据生产情况和当地土质情况确定，一般池塘的坡比为 1：1.5～3，若池塘的土质是重壤土或黏土，可根据土质状况及护坡工艺适当调整坡比，池塘较浅时坡比可以为 1：1～1.5。

6. 进排水系统

水产养殖离不开水,因此池塘的供排水系统是其中非常重要的基础设施之一,进排水系统规划建设的好坏直接影响到养殖场的生产效果。但是对于仿生态野生养甲鱼来说,由于水面较大,二是并不提倡对池塘里的水大排大换,因此只要能用水泵将养殖用水直接抽到池塘内就可以了,排水时也只要用水泵将水抽出池塘就可以了,可以不必另外修建供排水系统。

7. 防逃设施

仿生态野生养殖甲鱼时,还是需要防逃设施的,具体的请参见前文。

8. 产卵场所的预留

在防逃设施做好后,可以在池塘的一角或对角处留长1.5米、宽1米左右的空地(面积大可留几个),在空地小岛上堆积20厘米厚沙土供甲鱼产卵。产卵场靠池水处筑成一个45°斜坡,斜坡上最好铺上废旧地毯或泡沫塑料,也可铺木板等软或光滑之物,有利于上岸觅食、活动、产卵。塘边分别搭建"晒台"和食台,供甲鱼晒背和摄食之用,食台应高出水面10~20厘米。

二、甲鱼池的清塘

仿生态野生养殖甲鱼时,也需要对池塘进行清塘消毒,和一般水产养殖的池塘消毒措施是一样的,养甲鱼池塘的消毒方法主要也是用生石灰消毒清塘。生石灰清塘可分干法清塘和带水清塘两种方法。

干法清塘:在甲鱼放养前一个月左右,先将池水基本排干,保留水深10厘米,在池底四周选几个点,挖个小坑,将生石灰倒入小坑内,用量为每平方米100克左右,注水溶化,待石灰化成石灰浆水后,不待冷却即用水瓢将石灰浆乘热向四周均匀泼洒,第二天再用铁耙将池底淤泥耙动一下,使石灰浆和淤泥充分混合。然后再经5～7天晒塘后,经试水确认无毒,灌入新水,即可投放种苗。

带水清塘:每亩水面水深0.5米时,用生石灰75千克溶于水中后,一般是将生石灰放入大木盆等容器中化开成石灰浆,将石灰浆全池均匀泼洒,能彻底地杀死病害。

三、模仿野生环境

在甲鱼池中的四周栽种高等水生漂浮植物,既可吸收水土中的污物,净化水质及炎夏降温,又可为甲鱼提供栖息场所,水生植物常用水浮莲、凤眼莲、空心菜等,栽种面积占总面积的20%～30%,宽度以1米左右为宜,避免影响水底光照,当生长过密或植物死亡时要及时捞出。另外还需要在池塘中央栽种挺水植物如茭白、莲藕等。

在模仿野生环境时,还要尽可能地让甲鱼利用野生的饲料,因此可以在池塘中放养田螺、福寿螺和河蚌等。

第二节 苗种放养与养殖管理

一、甲鱼苗种的预先培育

为了防止长期同一养殖场的亲本交配,不利于以后的甲鱼养殖,应从不同地区引进正宗中华鳖苗种或不同性别的亲本,进行不同地域性的杂交繁殖,通过这种方式来保持和提高甲鱼后代的优良性状。甲鱼苗经过一段时间的孵化后,于7月前孵化出苗,要求出壳规格在3~5克/只以上。选择的甲鱼苗要求行动活泼,伸腿有力,翻转迅速,裙边平直厚实,无伤残,肚脐口平实无孔,体形丰润有光泽为好。

将繁殖好的甲鱼苗经过7~9月的常温养殖,到了10~11月份,将它们转入到塑料温棚中养殖一段时间后,再让它们进入自然冬眠状态,到第二年5月下旬可达150克/只左右,这时就可以作为优良的甲鱼种再放入商品甲鱼池中养殖。

二、甲鱼苗种的放养

在进行甲鱼仿生态野生养殖时,甲鱼的苗种放养是有讲究的。首先是选择合适的苗种,最好是以适应当地环境的中华鳖地理品系为主;其次是甲鱼的苗种质量要好,健康活泼、无病无伤;再次就是放养密度要合理,过高的放养密度,不仅引起相互斗咬,耗氧增加,同时耗料也多,粪便、排泄物增多,有害物增多,引起病害多,生长减慢。根据生态养殖的要求,我们建议合理放养密度应根据养殖的场地、水深、甲鱼规格及养殖技术水平而定,放养密度为每亩350只左右的幼甲鱼,规格为150~200克/只。

同时为了更好地模仿野生环境,在甲鱼池塘里还要混养滤食性为主的优质鱼类,在池塘中搭养鳙、鲤、鲫、武昌鱼等,不但可以调节水质,疏松池泥,利用散失的甲鱼饲料,而且可增加池塘鱼产量,发挥水体增产潜力,提高经济效益。其放养量为鲤鲫鱼200尾/亩、鳙鱼和武昌鱼各100尾/亩。

三、饲料投喂

在甲鱼的野生环境下,是不需要再投喂饲料的,但是作为仿生态野生养殖时,毕竟一是仿生态,二是密度要比自然环境要大得多,因此为了确保甲鱼能正常生长,除了利用池塘里的天然饵料外,还是需要另外投喂部分饲料的。

在这种仿野生生态养殖的模式中,饲料的解决与投喂主要有三个方面:

1. 充分利用真正的天然饵料

也就是要充分利用好在甲鱼池中放养的田螺、福寿螺、河蚌、河蚬和野杂鱼等饲料,让甲鱼自由捕食。

2. 补充投喂天然饲料

这种天然饵料可以以配合饲料为主,配以 10％～30％ 鲜活鱼(或冰鲜鱼)、螺肉和 10％新鲜蔬菜等天然饵料,另 加 0.5％的螺旋藻,用绞肉机绞成糜状或打浆,同配合饲料 一起搅拌成面团状,并把甲鱼驯化成水上摄食,把饲料投 在食台板上,离水位线 1 厘米处,甲鱼身体在水中通过伸 缩脖子即能吃到饲料为宜。添加的天然饲料主要作用有: (1)节约成本;(2)补充配合饲料营养要素的不足;(3)当配 合饲料质量不稳定时起缓冲协调作用;(4)可起到诱食作 用,增加甲鱼的食欲,缩短摄食时间,减少饲料散失,节约 成本。

3. 投喂配合饲料

饲料的质量是保证甲鱼健康生长的物质基础,使用优 质的全价配合饲料可以提高甲鱼的生长速度和饲料转化 率,并能增强机体抵抗力,保持良好的水质环境,减少病 害,节约成本。

四、调节水质

一是通过向池塘里搭养鲢、鳙等鱼类,来达到调节水 质的目的。

二是充分利用池塘里的水草,通过水草的吸附作用和 转化功能来调节水质。

三是定期添加新水:甲鱼具有喜洁怕脏的习性,在仿野生生态养殖时,在条件许可证下,养殖全过程特别是7～9月可每天向池中添加一定新水,保持水质清新;春季保持水深1.2～1.5米,5～9月水深1.5～2米,7～9月每天上午6:00～11:30和下午18:00～22:00各冲水1次,添加新水15～30厘米,保持池水透明度20～30厘米。

四是掌握调节水位的技巧:在注入新水、调节水位和水质时,还是要讲究一定技巧的,因为仿野生生态养殖毕竟与池塘养殖不同,在野外自然环境下,水体的水位不可能是剧烈变化的,因此每次注水水位不能变动过大。在水源充足的条件下,最好采用微流水,既可避免水位忽高忽低的情况,又可避免注水噪声造成甲鱼的应激反应。由于水位轻微变化,每次投喂前都要把饲料板调好。使水位刚好沾到饲料板,甲鱼身体浸在水里,通过伸缩脖子就能吃到饲料,防止饲料被甲鱼推到水里。

五是定期杀菌,每隔15天,用生石灰25～30千克/亩或漂白粉2千克/亩交替全池泼洒1次,除藻杀菌。

五、病害防治

1. 利用中草药防治

为了防止药物在甲鱼机体中积累,又能防治甲鱼的疾病,生产绿色健康食品,提倡定期在饲料中添加中草药,以增加甲鱼机体的抗病能力,达到防治疾病的效果,一般每千克饲料拌入10～15克的中草药,连续投喂3～5天,间隔1个星期再加强1次。在饲料中添加中草药时,建议加入适量新鲜的动物肝脏或鲜蛋作为诱料,能冲淡中药之苦味,同时动物肝脏富含多种甲鱼身体所需要的维生素,有利于增强甲鱼自身抗病能力,对预防或病后恢复起辅助作用。

2. 充分利用生物防治

从来源、价格和使用方便程度来看,目前在仿生态野生养殖甲鱼中使用最多且最有效果的就是光合细菌,在养殖水体中起着重要作用。首先,光合细菌是甲鱼生态养殖时,食物链中的重要一环,对促进池塘的物质循环起着重要的作用;其次作为一个初级生产者,光合细菌能充分利用池塘里的各种物质进行光合作用,改善池塘的溶氧条件,净化水质;再次就是在水体中投放光合细菌后,一些对甲鱼和其他鱼类健康有害的物质(如硫化氢、氨氮、亚硝酸盐)的含量就会显著降低,有利于改善水域的生态环境,从而有利于甲鱼的摄食、生长,减少疾病的发生;最后就是光合细菌的投放后,在甲鱼仿生态养殖池中形成优势生物群,从而抑制其他有害生物的生长繁殖,是实现生物防病的有效途径。因此,光合细菌在甲鱼仿生态野生养殖池中能起到促进生长、保护水质、预防疾病、改善商品甲鱼品质的积极作用,对甲鱼的生产和其他水产业的健康发展有着重要的意义,建议在甲鱼仿生态养殖中应大力推广。

第七章　温室养甲鱼是目前赚钱的主要方式

第一节　了解温室养甲鱼的知识

一、温室养甲鱼的优势

温室养殖是设施渔业的组成部分,也是现代渔业集约化养殖的发展方向。目前渐渐流行的野生甲鱼养殖或仿野生甲鱼养殖还远远代替不了甲鱼的温室养殖,这是由温室养殖的核心技术所决定的,这个技术的内涵就是人工控温快速养殖,具有养殖周期短、人为可控性强、能迅速抢占市场、高投入高收益的优点。例如日本自 20 世纪 70 年代开始加温养殖以来到 20 世纪 80 年代,基本上都实行加温养殖,单产多数在 1.6~2.1 千克/平方米,极少数达到 8.5~9 千克/平方米的水平。从日本的情况来看,加温养殖的燃料费约占商品甲鱼销售价的 10% 左右,饲料费占 20% 左右。

二、我国温室养甲鱼的发展情况

我国的温室养殖甲鱼的发展是从 20 世纪 80 年代末期,浙江省杭州市水产研究所在借鉴日本控温养殖的经验上,首创了适合我国国情的温室养殖甲鱼技术,到了20世纪90年代初期,这项技术已经在全国迅速推广,已经成为许多养殖户发家致富的支柱产业,满足市场日益增长的需求。温室养甲鱼以前主要是用于培育苗种的,现在也有许多养殖场用来直接养成商品甲鱼,也代表了目前我国最先进的甲鱼养殖模式,通过这种方式养殖出来的商品甲鱼基本上占到了我国目前市场总产量的70％左右,主要产区在集中在江苏省的苏州、吴江地区和浙江省的金华、杭州、湖州和嘉兴等地区,另外湖南、湖北等地也有相当数量的养殖户。

除了在温室内用人工加温的方法来保持适宜的温度外,我国各地近年来也开展了利用地热水、温泉水以及发电厂余热水等来养甲鱼,这都是温室养甲鱼的一种模式,也都取得较好的效益。

三、温室养甲鱼的优缺点

温室养甲鱼也叫设施养殖甲鱼和工厂化控温养殖甲鱼,是指通过人工控制温室的温度来达到人为打破甲鱼的休眠期的目的,这样就可以人为地延长它的生长周期,另外适宜且恒定的温度可加大甲鱼的摄食欲望,因此它可以使甲鱼生长速度大大加快,一般商品甲鱼要4～5年的生长期,经过加温养殖,只要1年左右就能达到甲鱼的商品要求。

温室养甲鱼是一种全程都在温室里进行养殖的一种模式,它的养殖环境不受外界因素的干扰,完全处于人工可控范围内,当然也是一种高密度加温养殖。现在有的养殖户也采取了"两头加温"养殖甲鱼的方法，这是在温室养甲鱼的基础上进行的一种改良，既可以通过加温来提高甲鱼的生长速度和养殖效益，也可以改善完全在温室里养殖的甲鱼口感相对较差的缺点。

温室养甲鱼具有可进行人工快速养殖，能迅速抢占市场的优点，同时还具有单位面积内养殖产量高、养殖周期短和土地利用率高的优势；缺点就是一次性的投资比较大，对养殖技术的要求也比较高，更重要的是养殖好的商品甲鱼的口感稍差，市场价格比野生甲鱼要差得多。

四、加温养殖甲鱼最适宜的阶段

在温室内通过加温养甲鱼，主要是在稚甲鱼、幼甲鱼养殖阶段，这是比较适宜的，而且效果也是最好的。当然也可以将甲鱼的整个养殖周期全部放在温室内进行，这样可以提高养殖产量，而且商品甲鱼能尽快上市。

对于稚甲鱼、幼甲鱼的温室养殖来说，方法其实也很简单，就是从头年 10 月底水温降至 25℃ 以下时将甲鱼转入温室内饲养，在温室内加温并保持温度在 30℃ 左右，投喂充足的适口饲料，在温室内养殖约六个月左右，到第二年 4～5 月当水温稳定到 25℃ 以上时，再将体重已达100～200 克的幼甲鱼按大、中、小分类转入成甲鱼池，经5～6 个月的饲养，使大多数甲鱼在 11 月份水温降低到冬眠温度以前达到商品规格。大的商品甲鱼用来出售或作为后备亲本留下，少数个体太小则留下一年春季进行常温养殖，或留在温室内短期强化饲养，使之在开春上市时达到上市规格。

第二节 温室的修建与处理

一、温室的要求

温室建造应符合有关建筑管理规定,具备良好的保温性能,并配备相应的加温、增氧、进排水等设备。一般 1 万平方米配套 0.5 吨锅炉 3 台,2.2 千瓦增氧机 10 台,颗粒饲料机 2 台,加温池 150 立方米,管理辅助用房 200 平方米等设施。

目前国内人工控温的甲鱼池模式很多,但要达到既省钱又能达到标准化养殖的好效果须具备以下几个基本要求。

1. 温室要牢固

作为集约化养殖的温室,一定要牢固、安全,所以建造时要考虑自然气候变化,例如在建造之初就要考虑到北方的大雪会不会压垮温室?沿海地区的台风会不会把温室吹垮?

2. 保温性能要好

保温是温室养殖甲鱼顺利进行并保证养殖产量的主要条件之一。无论是利用电热、地热、工厂余热和锅炉加热中的哪一种热源,其目的都是为了把水温调节到最有利甲鱼生长的适温内,促进甲鱼快速生长。我们在进行技术服务的过程中,经常发现一些养殖企业有时不注重保温性能,结果室内出现昼夜温差过大而影响甲鱼的生长,甚至引发疾病如感冒病,有时也会引起消化不良等,所以设计时应首先考虑保温问题。

3. 温室的池塘要保温

控温养殖甲鱼的温室结构主要分为两部分,第一是温室,包括外墙和大棚;第二就是池塘。其中外墙和大棚主要的效果是保证室温的,而池塘则是用来保证水温的。由于甲鱼在控温养殖过程中,不仅仅生活在陆地上,还生活在水中,因此要想达到养殖目的,这两部分的的都要保证。但是,我们在生产实践中发现,有许多养殖甲鱼的企业在建造温室养殖时,只注重对室内温度的保持保证,忽略了池塘里水温的保持保证,这样的结果就是室温的温度很高,甲鱼在陆地上生活不是太舒服,就想下到水里,可是池塘里的水温却迟迟升不上去,特别是池塘底部出现水温更低的现象,严重影响了甲鱼的吃食生长,甚至会造成甲鱼大量生病或死亡。所以我们在建造温棚时,既要考虑室温的保证,更要考虑到池塘水温的保证,外墙和棚顶可用保温泡沫板建造,在修建池塘时,在底部也铺上一层保温泡沫板。

4. 温室的采光性能要好

在建造温室时,一定要考虑好温室的采光性能,这是因为温室采光性能较好时,既能利用光能增加室内温度又可通过光源调节水质,以减少疾病,提高成活率。实践证明,用同样的方法,在保温不透光和既保温又透光的 2 个温室中饲养,虽然它们的生长速度差不多,但是在疾病预防方面却有显著差别,透光的温室要比不透光的温室容易饲养,更重要的是透光的温室生病概率要比不透光的要小得多,这不但降低了养殖成本,也提高了甲鱼的质量。另外在成本投入上也有好处,设计合理的采光温室,投资要比完全封闭的温室少一半以上。

5. 注排水要方便

温室养殖甲鱼一定要管理方便,容易操作,尤其是在注排水方面,一定要方便、实用。根据生产实践的经验,由于考虑到池水加温需要消耗大量的能源,因此温室用水,往往是水质败坏到必需要换时才进行换水,平时都想方设法地尽量保持稳定,因此就要求我们在换水时要速度快,时间短,注水量和排水量都很大。所以不管何时都应有畅通的注排水系统保证。为了满足随时注水,最好设有保证满负荷用水量的调温储水池。

6. 设计层次要合理

温室养殖甲鱼是高密度、工厂化养甲鱼,在建设温室和养殖池时,基本上都采用钢筋水泥结构,由于甲鱼池的结构是比较特别的,很难兼作它用,在某种程度上可以说是一种一次性利用的终端开发项目,所以设计层次时既要考虑到光照角度和温度调控及操作合理,又要考虑长远性和可变性,一些养殖户为了提高土地利用率,建造三四层甲鱼池,把温室造得又高又大,不但不方便操作管理,也很难调控上下层间的水温,更难以改变其用途,我们建议还是要建议得合理一些,层次上要讲究一点,最好不超过2层。

7. 配套设施要齐全

温室里的配套设施主要分为两部分,一是室内部分,另外一点就是池塘部分。在配套设施布置时既要考虑设施的效率,也要考虑到管理的方便,同时要兼顾控制成本。

室内部分主要有温室的增温设施、照明设施及进排水设施等,由于一些地方的甲鱼池低于地平线,排水时需用机器排水,所以设计时还应考虑到动力电源的保证。

池塘的配套部分主要有饵料台、栖息台和排污口等。

根据上述要求,甲鱼池以单层双列较理想,这种甲鱼池的优点是透光性好、造价低、养殖病害少、成活高,且一年四季都能利用,一旦转产也易拆除。

二、温室内的养殖池建设

1. 环境条件

养殖基地要符合 GB/T18407.4 的规定,另外要求基地周围安静,水源充足,附近无污染源。养殖用水要符合 NY5051 的规定。

2. 养殖池的设计与建造

单个养殖池大小基本上统一,每个面积在 15～20 平方米,池高 0.6 米,池壁顶端向内伸檐 8～10 厘米,以防甲鱼逃跑。池底设挡沙墙,注排水配套,池中设晒背台,池边一头设饲料台。饲料台用长 3 米、宽 0.5 米的木板或水泥预制板搭设,淹没在水下 15 厘米。

三、温室养殖池的清整消毒

如果温室和养殖池都是刚兴建的,则需用生石灰对整个养殖环境进行彻底的消毒,对水泥池需用海波(硫代硫酸钠)进行浸泡退火处理。如果是经过上年 7～8 个月养殖的温室甲鱼池,由于这时的养殖池里已经富集了各种致病细菌及残饵、粪便等有机残物,因此清理消毒甲鱼池极为重要。池中的沙最好换掉,不能换的或无沙池也应反复冲洗和消毒。使用前 10 天放水 10 厘米左右,用 10 毫克/升的强氯精或二氧化氯全池泼洒,以杀灭病菌。

第三节 温室养甲鱼的管理

一、苗种选择

甲鱼苗种应选择健康、无伤无病、规格整齐、种质优良的品种,要求每只在 10 克以上 ,且活力强、反应快,未经海关动检的境外甲鱼苗,最好不要让它们进入温室,当然也不要轻易养殖。

二、苗种放养

放养前必须进行甲鱼苗体表消毒,方法是将甲鱼苗放在塑料脸盆里,用 1.5% ～2% 的食盐水浸泡 10 分钟,浸泡水以没过甲鱼苗背为宜,不要放的太多。

合理的放养密度也十分重要,不要盲目追求高密度。放养密度要考虑到甲鱼的天然习性和池塘生态系统的负载能力。甲鱼生性好斗,地盘性强。当单位面积超过其忍受密度时,个体间互咬,使其处于不安状态,降低免疫力,同时咬伤又增加了病原体感染的机会,增加发病率。由于是增温、控温养殖,温度适宜,甲鱼摄食量达到最大,因而残饵及甲鱼代谢物污染也非常严重。为了保温,降低能耗,换水、排水、空气流通的机会大大减少,池塘水体的负载越来越大,水质容易变坏。因此,放养密度要根据池塘的容量以及饲养管理水平而定,切忌贪多。放养方式一般采用一次放足,放养密度为 5～10 克/只的甲鱼苗 60 只/米,10～20 克/只的甲鱼苗 40 只/平方米,20～30 克/只的甲鱼苗 25 只/平方米,最佳容量为 0.5～1.0 千克/平方米。

另外,不同的季节,甲鱼的放养密度也有一定的差别,例如 12 月至元旦前后甲鱼池较适宜的密度为 25～40 只/平方米（15～50 克/只）;元旦至翌年 2 月为 15～30 只/平方米（50～150 克/只）;2 月至 6 月为 10～12 只（150 克/只以上）。

三、温度控制

1. 养殖水体的温度控制

温室加温养甲鱼的热能来源除了锅炉加温外还可以利用地热、工厂余热等。无论是采用哪一种热源,都要将温室的室温和池塘里的水温控制在最适宜的温度,中华鳖的优选环境温度(最适体温)为 30℃,此时的食物摄入量与同化量及长肉率最好。据研究,水温 30℃时,饵料系数达到最佳水平,可达 67%,即投喂 100 千克饵料可增重 67 千克,增肉系数为 1.49。水温 35℃时增肉系数为 2.5,25℃时为 2.52,20℃时为 4.39。在水温高于 20℃时就开始摄食。摄食量随水温升高而增加。若低于最佳温度时,消化酶合成水平低,饵料转化率低;水温高于最佳状态时,由于甲鱼活动量增加,也会降低转化率。因此可将池塘里的水温控制在 30~32℃为最佳。

2. 温室内空气温度的控制

温室内的空气温度也很重要,这是因为甲鱼用肺呼吸,经常浮出水面,且要晒背,不适宜的生态环境会影响其机能,产生强烈的应激反应,从而影响到抗病力、生长速度、摄食能力。因此,室内气温一般控制在 32~34℃的恒定条件下,更有利于甲鱼的生长。在晴天中午,室内气温高、水温高,可适当敞开门窗,换气降温,夜间温度低,实行加温。

四、投喂饲料

饲料是保证甲鱼正常生长的物质基础,营养丰富、均衡的饲料可提高饲料的利用率,减少粪便的排放,还可增强甲鱼的体能,增加甲鱼的抗病能力。营养不足将影响甲鱼的生长,饲料质量差或适口性差将使甲鱼的摄食严重不足,降低对疾病的抵抗力。因此选择适口性好,营养全面的优质配合饲料成为甲鱼养殖的关键。

要根据实际情况合理投饲,以饱食量的 90% 为原则。虽然水下投饲方式更适合甲鱼的摄食习性,它们的吃食速度也加快,但是为了及时观察甲鱼的摄食情况和预防治疾病,最好实行水上投喂,饲料要紧贴饲料台,避免滑落到水中,残饵要及时回收,避免腐败酸败污染空气和水体。另外采用软颗粒投喂比块状投喂能减少浪费。

饲料投喂量应根据甲鱼规格大小、按一定比例投料,使甲鱼健康稳定地生长。饲料一般每天投喂 2 次,上、下午各一次,日投饲量掌握在水上投喂时在 1.5 小时内吃完为宜。

五、水质管理

甲鱼生性喜净怕脏,良好的水体环境是甲鱼稳定生长的重要条件。随着温室饲养甲鱼的生长,负载量的增大和投饵量的增加,水中的溶氧量下降、氨氮、亚硝酸盐含量量增加,有机物耗氧量也增加。有毒有害物质超标,甲鱼抵抗力和免疫力下降,病害频发,加之药物使用,极易造成甲鱼内部组织器官的损伤,以至慢性中毒。可以这样说,水质调控得好坏,决定了温室养殖甲鱼的成败。

控温养殖甲鱼时,水质管理的主要内容包括水色、透明度、溶解氧、pH、氨氮等。

1. 水色

甲鱼养殖池良好而正常的水色应为油绿色或深绿色或茶褐色,浮游生物以绿藻门、蓝藻门、甲藻门、裸藻门、硅藻门的浮游植物为主,它们能对甲鱼起隐蔽作用,对水质起到增氧和净化作用。

2. 透明度

理想的池水透明度为 25～35 厘米。透明度过大,池水清澈见底,会引起甲鱼栖息不安,相互争斗,诱发疾病发生。透明度过小,表明水中生物量较大,水质开始恶化。

3. 溶解氧

甲鱼虽然主要是以肺呼吸的两栖类爬行动物,但大部分时间生活在水中,靠辅助呼吸器官吸收水中的氧气。若长期溶氧不足,就有可能引起甲鱼低溶氧综合征。血管输送氧气能力下降,生长减弱,组织受损,对传染性疾病的敏感性增加。

因此要求温室里的池塘水体溶解氧要求大于 3 毫克/升,高溶氧能增强甲鱼的摄食能力,提高饲料的转化率。养殖中常用罗茨鼓风机充氧的方法改善水中溶氧量,同时降低水体中有害气体含量与氧化有机质。

4. pH 值

甲鱼池水体的 pH 值应控制为 7.0～8.0,也就是微碱性,在这种微碱性条件下致病菌不易生存,可以大大降低甲鱼的发病概率。在酸性水中,甲鱼活力降低,代谢下降,同时细菌、浮游植物生长受到抑制,不利良好水色形成。在高碱性环境中,会增加刺激性,引起甲鱼应激反应,主要表现在甲鱼的皮肤容易受损。

5. 氨氮

水中氨主要是残饵、粪便及排泄物在微生物作用下转化而成。甲鱼虽以肺呼吸为主,但具有鳃组织,高浓度氨引起鳃组织病变,肝脏肿大,使甲鱼腐皮,产生疖疮,生长变缓,饲料效率降低。水中氨的减少主要靠浮游植物的吸收。因此要求温室水体氨氮应小于 3 毫克/升。

6. 合理使用微生态制剂培养水质

微生物可降低氨氮、亚硝酸盐、硫化物等有害物质的含量,加快氨氮、亚硝酸盐向硝酸盐转化,而有益于藻类繁殖。应用微生物制剂培养水体能提高水体的稳定性和自净能力,可大大节约水质调控及其他方面的投入。

7. 科学换水

换水是调节水质最直接的方法,但是频繁换水一方面费用太高,另一方面换水容易破坏原有的生态平衡。因此,换水应根据水体情况决定换水量的多少。

第八章　其他的养殖方式是赚钱的补充措施

第一节　庭院养甲鱼

　　庭院养殖,就是利用房前屋后,阳光充足、安静的庭院空闲杂地建池养甲鱼。这种方式投资少,投产快,生产周期短,风效快,效益好,同时还增加了生活情趣。

一、庭院养殖池

　　由于甲鱼是水陆生活爬行动物,有它特殊的生活习性,因此养殖池子要按照甲鱼的生物学特性来设计。由于庭院面积小,人为管理方便而且基本上是处于人为监控之下,因此养殖池一般可以分为三种,但主要是以水泥池为主。一是土池,适宜放养甲鱼亲本和常温下养商品甲鱼;二是水泥池子,适宜养稚甲鱼、幼甲鱼以及控温下的商品甲鱼养殖,这是目前庭院养殖中最主要的养殖池结构;三是砖混结构池埂、土质池底的池子,各种规格的甲鱼均宜养殖。

　　各种池子的形状不限,可因地形而建,原则是节约土地,合理布局,设施使用方便,有利于生产管理。但是在条件许可下,还是建议以长方形为主,东西走向为好。甲鱼养殖池的面积和深度也无严格的规定及统一标准,但一般来讲,甲鱼在幼小阶段比较娇嫩,需要精心饲养,放养密度可以高一些,水则要浅些,所以稚甲鱼、幼甲鱼的养殖池面积应该设计小些;随着甲鱼的个体长大,放养密度逐步降低,池子的面积逐步加大,深度也要加深。

甲鱼池水深 1～1.5 米,池底坡度为 1∶2 或 1∶3,池内用约占池面积 1/3 的地方放养浮萍、水花生或水葫芦遮荫,池周围砌 0.5～1 米高的砖石墙,用水泥粉刷平整。池中留一个占总面积 10%～20% 的小岛,在空地小岛上堆积 20 厘米厚沙土供甲鱼产卵。

另外,池中种植约占全池一半的水葫芦。这样一方面可以净化水质,另一方面为甲鱼提供隐蔽清静处,尽量满足其自然的生活习性。

二、庭院养殖设施

无论哪种结构的池子必须加设防逃、防害设施,另外还应有栖息、晒背、冬眠、摄食场所设施,甲鱼亲本池还要具备产卵场所,这些用于甲鱼养殖的基本设施要完善。

这其中最主要的设施就是防逃设施了,当然这种设施同时也能有效地防止敌害的入侵。由于甲鱼是善于爬行的,因此做好防逃工作是至关重要的,不可放松,防逃设施有多种,在庭院养殖中最常用也最适用的主要有两种。一是安插高 45 厘米的硬质钙塑板或玻璃(长 1 米、高 50 厘米、厚 4～5 厘米)作为防逃板,埋入田埂泥土中约 15 厘米,每隔 100 厘米处用一木桩固定(玻璃间的接头要做好衔接工作,可相互交错 3 厘米)。注意四角应做成弧形,防止甲鱼沿夹角攀爬外逃;二是用砖砌成 45 厘米高的墙,在墙的顶端做成反檐,内墙用水泥抹平,减少甲鱼攀爬的机会。

三、建造晒背和投饵场所

无论是甲鱼亲本池、商品甲鱼池、还是幼甲鱼养殖池、稚甲鱼养殖池都必须建造晒背和投饵场所。建造的方式有几种:一是在池的四周或某几段周边留出一定宽度的斜坡形池埂,以 45°斜坡为好,斜坡上最好铺上废旧地毯或泡沫塑料,也可铺木板等软或光滑之物,方便甲鱼自己爬上休息、晒背或摄食;另一种是在池子中央建一个小岛;第三种则是在水中放置漂浮物或搭设台子。

四、科学放养

1. 选好品种

根据大众百姓的喜欢和市场的需要来选择合适自己养殖的甲鱼品种,目前甲鱼品种五花八门,有国内的中华鳖,还有国外的如泰国鳖等,即使是国内的甲鱼也有不同的地理品种,它们的适应能力和生长速度以及市场认知度也不相同,当然售价也不一样,因此我们在选择时也有注意加以区别。从整体上来讲,养殖成功的甲鱼个体重 1000克左右,体型较瘦较匀称,颜色以黄绿色为主,背部有黑黄色相间的花纹斑,腹部底呈浅黄白色,且无花点。这类品种虽比背部无花纹（俗称"光板"），腹部有星点花纹的甲鱼生长慢，但其肉质和食味都比后者优，因而价值和价格都较好，所以如果有条件的，可以在庭院里养殖这类甲鱼。

2. 放养时间

由于甲鱼的运输比较方便而且死亡率也低，加上它们便于干法运输，因此在放养时间上并没有特别的要求，只是注意在高温季节做好降温措施就可以了。为了提高甲鱼的生长时间，在放养时间上我们建议做到适时放养。根据甲鱼的生活特性，甲鱼苗种放养一般在晚秋或早春，水温达到 10～12℃时放养。

3. 放养规格

在庭院养殖池里，放养甲鱼的规格以 50～100 克为宜。

4. 放养密度

每平方米放养规格基本一致的甲鱼苗 2～3 只。

5. 放养注意点

一是甲鱼苗种质量要保证，即放养的甲鱼要求体质健壮、无病、无伤、无寄生虫附着，最好达到一定规格，确保能按时长到上市规格的优质甲鱼苗种。二是放养前要注意消毒，可用 5％的食盐水溶液消毒 10 分钟后再放入池塘中。甲鱼池底质坚硬的，在甲鱼放养前 10 天要铺上 10～

15 厘米的细沙或软泥。

五、调控水质

甲鱼生性喜净怕脏,良好的水体环境是甲鱼稳定生长的重要条件,水质调控工作做得好坏,决定着养殖的成败。因此在某种程度上说,水质好坏直接影响到甲鱼的养殖效果,池水过肥甚至有臭味,不但对甲鱼生长不利,而且影响到其肉质味道。

1. 及时换冲水

一般情况下,每隔一星期左右往池里注一次清净的水,总量约占原池的 1/4。在庭院养殖时,如果与外塘比较近的话,可以随时换水,如果不方便需要用自来水的话,必须提前两三天将水进行曝晒去氯处理,然后才能进池。

2. 及时充氧

水体充氧的主要目的是降低水体中有害气体与有害有机质的含量,由于庭院养殖池一般都比较小,而且是在庭院里,依靠自然风力增氧的效果就要差很多,因此要保证充氧设施的畅通。但要选择在固定的时间段内充氧,使甲鱼形成习惯,减少充氧对甲鱼的惊扰。

3. 合理使用微生物制剂

微生物制剂的合理使用可以大大节约水质调控及其他方面的投入。常用的微生物制剂包括光合细菌、芽孢杆菌、EM 原露等。

4. 及时排污

定期排污是控制水质的有效手段，也是最直接的方式之一，可配合换水来调节水质，排污和换水时应根据水质情况决定换水量。

六、科学投喂

饲料的投喂方法与所选饲料品质的好坏，决定养殖成本控制的成败。

1. 饲料选择

在庭院养殖中，由于有家里厨房的下脚料以及其他家前屋后的一些瓜果等作为饲料，另外可以适当用一些甲鱼专用饲料进行补充，因此饲料成本在养殖成本中占 30％左右。通过效益分析，比较优质饲料与劣质饲料的价格与综合养殖成本，我们就可以走出选择饲料光看价格的误区，要选择质量较好的饲料品牌。

2. 投喂时间

水温 25～32℃是甲鱼生长的最佳温度范围，水温高于18℃时甲鱼就开始摄食，摄食量随水温的升高而增加。水温低于最佳温度时饲料转化率会降低；水温高于最佳温度时由于活动量增加，饲料转化率也会降低，所以应使水温保持在最佳的温度范围内，过高、过低都会造成饲料浪费。

具体每天的投喂时间,可以上下午各投喂一次,上午在九时前投喂,下午宜在 17 时左右投喂。

3. 投喂方式

水下投喂适合甲鱼的摄食习性,能使甲鱼摄食速度加快,采用软颗粒饲料投喂比采取块状饲料投喂节省饲料。

4. 投喂量控制

甲鱼摄食受环境因素变化的影响很大,当气温、水温发生变化及用药时,应考虑到对甲鱼的影响调整投喂量,一般水下投喂应控制在 30 分钟内吃完,以每天傍晚为主,投喂量可占全天投喂量的 70% 左右。

甲鱼过量摄食时生长过快,容易导致甲鱼生理负载增加或超负载,引起甲鱼内脏受损而诱发内脏疾病。

七、预防疾病

在庭院中养殖甲鱼,只要措施控制得当,一般是不会发生疾病的,因此,对于疾病的处理以预防为主,主要是做好以下几点工作:

一是稚甲鱼入池前要做好消毒工作,入池前用 3% 的食盐水溶液浸泡稚甲鱼 10 分钟。

二是在关键时期做好相应的预防工作,首先是在甲鱼体重 50 克以前水霉菌容易发生,此时应做好这个阶段的预防工作,着重增强稚甲鱼体质,避免机械性损伤;其次是当甲鱼体重在 50~150 克时容易感染白点病,这个阶段要做好消毒灭菌工作,可用高聚碘、二氧化氯和溴氯制剂为主;再次是体重 150 克至商品甲鱼阶段,由于庭院的养殖池较小,而且基本上是由砖石砌成,在甲鱼活动过程中,容易导致疖疮病的发生,因此这个阶段也要做好预防工作。

三是平时每隔 15 天左右每立方米水用 30~50 克比例的生石灰全池泼洒一次。

庭院饲养甲鱼虽然周期较长,从种苗到 750 克的商品甲鱼约需 3 周年,包括两个冬眠期,但由于它全部是在露天环境中生长的,而且吃的也是农家杂物,因此口感好、肉味鲜美,深受消费者的欢迎,人们称之为"生态甲鱼",因此售价也非常高,当然经济效益就非常好。每千克饲料成本和种苗费不超过 50 元,售价可达成 260 元每千克。该办法适于家庭小水体养殖,对现阶段的养殖业来说,是较好的一个项目,值得提倡。

第二节　楼顶养甲鱼

一、楼顶养甲鱼应具备的条件

不但在城市还是在农村,现在住楼房的比较多,楼房的房顶都做了防水层,而且基本上都是闲置的,如果用楼顶的空闲地来养殖甲鱼,不但可以通过养殖甲鱼来达到修身养性的目的,还可以增加他们的经济收益,确实是一件有意义的事。

不是任何一个楼顶都可以用来养殖甲鱼的,它也要具备一些基本条件。

首先是楼顶必须坚固耐用,不能在养殖过程中出现事故,包括漏水、坍塌事故等。

其次是用水要方便,可以在楼顶上砌个小贮水池,先用增压泵把自来水打到池里,暴晒两三天后再用来养殖甲鱼。

再次是排水要方便,养殖甲鱼是需要水体交换的,注水和排水都要做好,一定保证水进来容易,排去也要方便,尤其是居民楼,必须要做好排水设施,不能对其他居民户造成影响。可单独建立一个下水管道系统,花费也不大。

第四就是出入方便,由于是在楼顶,必须要有个安全的进出梯子,这是因为一方面养殖甲鱼所用的物资,如各种管理工具、饲料、苗种运送和成品输出等。还有就是每天要投喂饵料、检查甲鱼的生长情况等管理工作,也需要上下楼顶,因此出入必须方便。

最后就是气候不能太寒冷,最好在冬季不要结太厚的冰层,因此在北方不是太适宜,在南方还是可以考虑的。

二、在楼顶上修建养殖池

在楼顶养殖甲鱼,必须修建养殖池,一般都是用水泥池建造然后抹平池面,上面加上反檐就可以了。根据楼顶的特征,一般可以布局为双排式或单列式两种,做到每个池的长 5 米、宽 4 米,面积为 20 平方米,池子深为 50～60 厘米,蓄水 45 厘米左右,反檐设施离水面 10 厘米左右。

三、放养前的准备工作

一是对养殖池要进行清洗，可用高锰酸钾或生石灰进行消毒处理，然后在阳光下暴晒几日。

二是对新建的水泥池一定要进行去碱处理，可用小苏打或硫代硫酸钠处理。

三是在池中设置好专用的投饵台、草围子，然后安装好增氧设施。

四是在所有的准备工作弄好后，开始注水，刚开始时水位在 25 厘米左右。

四、苗种放养

优质的甲鱼苗种应该身体健康、无病无伤、四肢粗壮有力、颈项伸缩自如、反应灵敏活泼、背甲和腹甲有明显的光泽等。根据楼顶的特点，在这里养殖甲鱼时应以周期较短的春放秋捕为好。甲鱼苗种的规格以每只 250 克左右为宜，放养密度为 2～3 只/平方米。放养前，苗种用 2％的盐水浸泡 5 分钟消毒，然后轻轻地把消毒好的甲鱼一只只地放进池中就可以。

五、投喂饵料

饵料可用市场上出售的专用甲鱼饲料，有时还可以添加 10％的鱼、螺、蚌、猪肝和一些瓜果蔬菜等，即可以新鲜投喂，也可以切成条或块投喂，还可以打成浆与商品饲料拌在一起喂。至于喂的量，可以按甲鱼体重的 2％～4％投喂,最好的办法是每天根据情况而定,由于楼顶养殖甲鱼占用地方小,便于查看,所以可以每天查看甲鱼的具体吃食情况,再增减它的投喂量。

六、调节水质

楼顶养甲鱼,对于水质的调控产要是在夏季,在高温季节,可以在池子里放养一些水葫芦、芜萍、水花生等,也可以在池子里吊养聚草等,另外每隔十五天就换一次水,换水量占池子的一半。如果气温达到 31℃ 以上时,应及时在池子上方盖上遮阳网。

七、捕捞

在楼顶池子里的甲鱼,可以根据市场的需求,卖多少捕多少,也没有被偷盗的可能性,捕完以后把池底冲洗干净就可以了。

第三节 稻田养甲鱼

稻田养甲鱼是一种动、植物在同一生态环境下互生互利的养殖新技术,是一项稻田空间再利用措施,不占用其它土地资源,可节约甲鱼饲养成本,降低田间害虫危害及减少水稻用肥量,不但不影响水稻产量,还可大大提高单位面积经济效益,可以有效地促进水稻丰收甲鱼增产、高产高效,增加农民收入。它充分利用了稻田中的空间资源、光热资源、天然饵料资源,是种植业和养殖业有机结合的典范。

一、选择田块

适宜的田块是稻田养殖甲鱼高产高效的基本条件,要选择地势较洼,注排水方便,面积 5～10 亩的连片田块,放苗种前开挖好沟、窝、溜,建好防逃设施。田间开几条水沟,供甲鱼栖息,夏秋季节,由于甲鱼的摄食量增大,残饵、排泄物过多,加上甲鱼的活动量大,沟、溜极易被堵塞,使沟、溜内的水位降低,影响甲鱼的生长发育。为此,在夏秋季节应每 1～2 天疏通一次,确保沟宽 40 厘米、深 30 厘米,溜深 60～80 厘米,沟面积占田面积的 20% 左右,并做到沟沟相通、沟溜相通。进出水口用铁丝网拦住。靠田中间建一个长 5 米、宽 1 米的产卵台,可用土堆成,田边做成 45° 斜坡,台中间放上沙土,以利雌甲鱼产卵。土质以壤土、黏土、不易漏水地段为宜。

二、水源要保证

这是甲鱼养殖的物质基础,要选择水源充足,水质良好无污染、排灌方便、不易遭受洪涝侵害且旱季有水可供的地方进行稻田养甲鱼,土质以壤土、黏土、不易漏水地段为宜,一般选在沿湖、沿河两岸的低洼地、滩涂地或沿库下游的宜渔稻田均可。要求进排水有独立的渠道,与其他养殖区的水源要分开。

三、防逃设施

在稻田四周用厚实塑料膜围成 50～80 厘米高防逃墙。有条件的可用砖石筑矮墙，也可用石棉瓦等围成，原则上使甲鱼不能逃逸即可。

四、选好水稻品种

这是水稻丰收的保证，选择生长期较长、抗倒伏、抗病虫、适性较强的水稻品种，常用的品种有油优系列、武育粳系列、协优系列等。

五、选好甲鱼种苗

根据当地的条件来选择合适自己养殖的甲鱼品种，在我国大部分的水稻地区，建议还是放养中华鳖，具体的不同地方可以放养当地的地理品系，对于那些热带地区，可以选择放养泰国鳖。

六、科学放养

稻田养甲鱼，应在 6 月左右每亩投甲鱼 100 只，规格为 200 克/只左右。同时，每亩可混养 1 千克的抱卵青虾或 2 万尾幼虾苗，也可亩混养 20 尾规格为 5～8 尾/千克的异育银鲫。要求选择健壮无病的甲鱼入田，避免患病甲鱼入田引发感染，因面积大防治较困难。甲鱼苗种入池时，应用 3%～5% 的食盐水浸洗消毒，减少外来病源菌的侵袭。在秧苗成活前，宜将甲鱼苗种放在鱼沟、鱼溜中暂养，待秧苗返青后,再放入稻田中饲养。

七、科学投饵

这是生态养甲鱼的技术措施,稻田中有昆虫类发生,还有水生小动物供甲鱼摄食,其他的有机质和腐殖质非常丰富,它培育的天然饵料非常丰富,一般少量投饵可满足甲鱼的摄食需要,投饵讲究"五定、四看"投饲技术,即定时、定点、定质、定量、定人;看天气、看水质变化、看甲鱼摄食及活动情况、看生长态势,投饵量采取"试差法"来确定,由于稻田内有昆虫类发生,还有水生小动物供甲鱼摄食,可减少部分饲料用量,一般日投饵量控制在甲鱼体重的2%即可。如在稻田内预先投放一些田螺、泥鳅、虾类等,这些动物可不断繁殖后代供甲鱼自由摄食,节省饲料更多。还可在稻田内放养一些红萍、绿萍等小型水草供甲鱼食用。

八、日常管理

1. 安全度夏

夏秋季节,由于稻田水体较浅,水温过高,加上甲鱼排泄物剧增,水质易污染并导致缺氧,稍有疏忽就会出现甲鱼的大批死亡,给稻田养甲鱼造成损失。因此安全度夏是稻田养殖的关键所在,也是保证甲鱼回捕率的前提,稻田水位低水温高,而且水温变化辐度大,容易导致水质恶化。比较实用有效的度夏技术主要有:

一是搭好凉棚，夏秋季节，为防止水温过高而影响甲鱼正常生长，田边种植陆生经济作物如豆角、丝瓜等。

二是沟中遍栽苦草、菹草、水花生等水草。

三是田面多投水浮莲、紫背浮萍等水生植物，既可作为甲鱼的饵料，又可起到遮阳避暑的作用。

四是勤换水，定期泼洒生石灰，用量为每亩 5～10 千克。

五是雨季来临时做好平水缺口的护理工作，做到旱不干、涝不淹。

六是烤田时要采取"轻烤慢搁"的原则，缓慢降水，做到既不影响甲鱼的生长，又要促进稻谷的有效分蘖。

七是在双季连作稻田间套养甲鱼时，头季稻收割适逢盛夏，收割后对水沟要遮荫，可就地取材把鲜稻草扎把后扒盖在沟边，以免烈日引起水温超出 42℃ 而烫死甲鱼。

八是保持稻田水位，稻田水位的深浅直接关系到甲鱼生长速度的快慢。如水位过浅，易引起水温发生突变，导致甲鱼大批死亡。因此，稻田养甲鱼的水位要比一般稻田高出 10 厘米以上，并且每 2～3 天灌注新水一次，以保证水质的新鲜、爽活。

2. 科学治虫

由于甲鱼喜食田间昆虫、飞蛾等，因此，田间害虫甚少，只有稻秆上部叶面害虫有时发生危害。科学治虫是减少病害传播、降低甲鱼非正常死亡的技术手段，所以在防治水稻害虫时，应选用高效、低毒、低残留、对养殖对象没有伤害的农药,如杀虫脒、杀螟松、亚铵硫磷、敌百虫、杀虫双、井冈霉素、多菌灵、稻瘟净等高效低毒农药,在用药时应注意以下几点:选取晴天使用,粉剂在早晨露水未干时使用,尽量使粉撒在稻叶表面而少落于水中;水剂在傍晚使用,要求尽量将农药喷洒在水稻叶面,以打湿稻叶为度,这样既可提高防治病虫效果,又能减轻药物对甲鱼的危害。

用药时水位降至田面以下,施药后立即进水,24小时后将水彻底换去。

用药时最好分田块分期分片施用,即一块田分两天施药,第一天施半块田,把甲鱼捞起并暂养在另一旁后施药,经二三天后照常入田即可,过三四天再施另半块田,减少农药对甲鱼的影响。

晴天中午高温和闷热天气或连续阴天勿施药;雨天勿施,药物易流失,造成药物损失。

如有条件,可采用饵诱甲鱼上岸进入安全地带,也可先让甲鱼饲喂解毒药预防,再施药。

若因稻田病害严重蔓延,必须选用高毒农药,或因水稻需要根部治虫时,应降低田中水位,将甲鱼赶入沟、溜,并不断冲水对流,保持沟、溜水中充足的溶氧。

若因甲鱼个体大、数量多,沟、溜水无法容纳时,可采取转移措施,主要做法是:将部分甲鱼搬迁到其他水体或用网箱暂养,待水稻病虫得到控制并停止用药两天后,重新注入新水,再将甲鱼搬回原稻田饲养。

3. 科学施肥

这是提高稻谷产量的有效措施,养殖甲鱼的稻田施肥应遵循"基肥为主、追肥为辅;有机肥为主、化肥为辅"的原则。由于甲鱼活动有耘田除草作用,加上甲鱼自身排泄物,另有萍类肥田,所以稻田养甲鱼时的水稻施肥可以比常规的田少施 50% 左右,一般每亩施有机肥 300～500 千克,匀耕细耙后方可栽插禾苗;如用化肥,一般用量为:碳铵 15～20 千克,尿素 10～20 千克,过磷酸钙 20～30 千克。

4. 水位控制

水位可经常保持田间板面水深 3～l0 厘米,原则上不干,沟内有水即可。

5. 防病

在稻田中养殖甲鱼,由于密度低,一般较少有病,为了预防疾病,可每半月在饲料中拌入中草药防治肠胃炎,如铁苋菜、马齿苋、地锦草等。

6. 越冬

每年秋收后,可起捕出售,也可转入池内或室内饲养让其越冬。

第九章　甲鱼的捕捞、贮藏与运输

第一节　甲鱼的捕捞

一、甲鱼的钓捕

用鱼钩即可,钓饵以动物肝脏、蚯蚓、螺蛳肉较好,装好饵后,将钩放到水底处。甲鱼嗅到饵料的气味后即可前来吃食而上钩。

1. 海竿拉钓甲鱼

用 10~15 厘米的脑线,拴 3 只钓鲫鱼的渔钩,钩要拴在铅坠后面,每隔 5 厘米拴一只;也可用缝衣针,把有孔眼的一端截去,使其总长度为 2.5 厘米,磨锐。在中间拴线处,滴上一滴稀硫酸或食用醋,待其略为锈蚀后,用丝或多股棉线多缠几道拴牢,用这种直钩钓甲鱼,当稍有拉力,"钩"便横于喉管中,易吞、不能吐。摘"钩"时可用小石头顶出针"钩"的一侧,轻拉脑线即可拽出,不需剪断脑线。将生猪肝切成 1 厘米立方粗、3 厘米长的条,放在容器中按如下比例配制:肝条 250 克,鱼肝油 4 毫升,金霉素眼药膏半支,开塞露 10 滴,搅拌混匀。经这样处理后的肝条,滑润,味浓,有韧劲,易装钩,引诱甲鱼效果好。装钩要从肝条的中心部刺入,把针拉向穿入的一侧,再穿入另一侧,使针复原位,埋入3厘米长的肝条内。此法装钩,投竿、收线不掉饵。

将竿远投后,稍等片刻,再缓慢地摇轮收线。当突然出现类似"挂钩"的阻力感时,要暂停收线,待它将钓饵吞入后,会有要线逃走的拽力感,此时要迅速扬竿摇轮收线,先将其拉离水底面,再收线上岸。若突遇阻力就提竿,就很可能把已吞入的钩拉出,或者它四爪抓底,收线它不动。若无鱼咬钩,可收线后再投,再缓慢地收线。对有甲鱼活动的水域要像农民用犁耕地那样,一犁犁地把地翻遍。摘钩时,一手提紧主线,一手卡住甲鱼脖子,最好是放在地面上用脚踩住,再用力捏脖子,这样就能让它张嘴吐钩。如果吞钩过深,用摘钩器也无能为力,只好把脑线剪断,重新拴钩,再投竿拉钓。

2. 插竿钓甲鱼

用一根长1米左右的细竹竿,一端削成楔形,便于插入泥土中。钓线用多股尼龙线,长3米左右。钓钩用约3厘米长的小号缝衣针一枚,将针鼻一端在砂轮上磨尖,磨后的针长约2.5厘米,再用多股尼龙线在缝衣针中部绑紧。离针0.3米左右的地方拴一粒坠子。钓饵最好用狗肝或猪肝,将肝切成宽1厘米、长5厘米左右的条状。钓针直插肝条里面,不可外露。团鱼吞吃时,会连针一起吃下去。当团鱼吞吃钓饵后,针自然就会横过来,卡住团鱼的喉咙。钓线的另一端拴在竹竿顶端,插入岸上泥土中。

每次可放插竿 20 副左右。

3. 摇竿插钓甲鱼

插钓是一种简单、成本低、行之有效的钓鳖法。用长度为 50～65 厘米的竹条或柳条,修光,将粗端削尖,使之易于插入泥沙中固定。在细端拴上渔铃,借以报警。主线用粗 0.35～4 毫米、长 1.5～2 米的尼龙线。一端与直钩或钓鲫鱼钩联结,一端拴在摇竿的渔铃前方 5 厘米处。每根钓线上拴几枚钩,钓钩可用普通钩,也可用直钩(针钩),上面装上钓饵,线端装上一个中等铅坠。要把钓位选在有甲鱼出没的岸边,将钩或针状直钩装饵后,与主线联结,就可投入水中,插入摇竿。这种摇竿可同时制十几根或更多,在钓位沿岸插上一排,竿距 1 米左右。这种钓法,多适于夜钓,也可在黄昏后或阴雨天施钓,白天要找有树阴遮盖的水域,头天傍晚下钩,次日凌晨收线取钩。若该水域有鳖,用此法是很有效的。

4. 放钩钓甲鱼

用一根较粗的鱼线作主线,间隔联结十来根多股尼龙线作支线,支线比主线细。在支线的另一端拴上一只角形歪嘴鱼钩。钩上挂钓饵,所用的钓饵有狗肝、猪肝或鱼丁,将肝或鱼丁切成小拇指大小一块,呈方形,穿在鱼钩上,不露出钩尖。要插两根竹竿,长 2 米左右。竹竿插在河床上。主线的两端拴紧在两根竿的中上部。钓钩在水下 1.3 米左右为宜。每次可放数副钓具。

5. 排钩钓甲鱼

排钩钓钓具的制作方法是用一根直径 0.5～0.55 毫米、长 60～100 米的尼龙线作主线,一块楠竹块,楠竹块的一侧钻一个小孔。主线的一端拴一把烂锁,投入水中后使主线不移位;另一端穿过楠竹块一侧的小孔后打结拴牢。主线上每隔 2 米左右处拴上一只连接环,作连接支线用。用 10～15 根直径 0.25～0.3 毫米、长 0.5～1 米的尼龙线作支线。每根支线的一端拴上一只进口 6～7 号短把鱼钩;另一端拴上一只连接环,扣上主线的连接环。再用一块 1～1.5 米长两端削成"凹"形的楠竹块,用于缠主线,收、放主线用。这样,一副夜钓甲鱼的特制钓具便做成了。

钓到甲鱼后,如何摘钩是很重要关键,若不注意,很容易被甲鱼咬伤。其常用方法有三:其一是用脚用力踩住它背部,再用一根树枝逗它咬住,将其头拽出,或是用左手的拇指和中指捏住甲鱼后爪的两个软窝,使甲鱼头自行伸出。一旦伸出,即用右手将脖子卡住,再用左手摘钩;其二是右手提线,将甲鱼提起,待其颈全部伸出后,用左手卡住,右手摘钩;其三是在甲鱼的尾部肉质软边上扎一小洞,穿上粗线,使甲鱼倒悬,待其脖子伸出后,卡住脖子,将钩摘掉。若甲鱼吞钩很深,在现场难以摘钩,就只好将钓线剪断,回家处理。

二、陷阱捕甲鱼

陷阱可设在池塘、水库、水坝的排水道边,这些地方往往是甲鱼的主要通道,陷阱可用大口坛或小水缸,将坛或缸埋在排水道中间,将缸口与泥土抹平,夜晚当甲鱼往外爬时,就会掉进陷阱被获。

三、网捕甲鱼

在甲鱼的摄食及繁殖季节,采用普通鱼丝挂网,甲鱼接触丝挂网后容易被缠缚而难以逃脱。在放网时要注意甲鱼的行踪,以拦截甲鱼的过往水域的效果为佳。

四、叉捕甲鱼

这是我国劳动人民在长期的劳动过程中发展起来的一种特殊的渔具,前面是 4～8 个铁齿,叉齿长约 11 厘米,中间较粗叉尖较锋锐,叉柄连接在木柄上。此法利用冬季甲鱼在池塘、湖泊、河川水底泥沙中冬眠的习性,用甲鱼叉戳捕。捕捉甲鱼的人坐在船上,用甲鱼叉插入到泥沙中进行逐块探测,根据手感和"咚咚"的闷响声确定叉到甲鱼时,再借助于取甲鱼钩将甲鱼捕获起来。

五、干池捕捉甲鱼

抽干水塘的水,甲鱼便集中在塘底,用人工手拣的方式捕捉。要注意的是,抽水之前最好先将池边的水草及其他杂物,包括为甲鱼人工设置的隐蔽场所都要清理干净,避免甲鱼躲藏在里面。

第二节　甲鱼的贮藏

　　为了人为地拉长甲鱼的销售时间,从而取得最好的市场效益,对鲜活的甲鱼进行科学的贮藏,确保其能及时以鲜活的状态进行销售,这也是养殖场所必须掌握的一种必要的技巧。

一、池塘浅水暂养甲鱼

　　一般是用专门的水泥池进行暂养,如果条件不允许的话,可以考虑暂用一下产卵池进行改建。池子的深度约为80厘米,其中水深为30厘米,在池底部铺上一层经清洗洁净的细沙20厘米。这种方法适合春秋季水温不超过18℃时的暂养贮藏,暂养时间一般以一个月左右为宜,暂养密度以每平方米15只左右为宜。

二、地铺暂养甲鱼

　　在养殖场内选择一间比较僻静、安全的房间,用砖块砌成30厘米高、长和宽适当的暂养小围子,在里面铺上一层洁净的细沙,沙子厚度为20～25厘米,然后把需要暂养的甲鱼埋在沙中就可以了。这种方法适合冬季气温在8～15℃时的暂养贮藏,暂养时间一般以一个月左右为宜,暂养密度以每平方米25只左右为宜。

三、冷库贮藏甲鱼

这是目前比较先进的一种贮藏方法,不但贮藏量大,而且贮藏时间也长,更重要的是贮藏冷库内的温度可以随时调控。缺点就是一次性需要投入的设备资金比较大,而且在贮藏期间运营时的成本也比较高,主要是电费的成本。

这种贮藏技术的具体方法是这样的:一是先把冷库里的温度调节到12℃,运行两个小时左右,让冷库内的温度均衡地达到12℃;二是把甲鱼进行选择,只贮藏体质健壮的甲鱼,对于那些瘦弱、有伤的甲鱼则不需要进行冷藏了;三是把选择好的甲鱼用洁净的清水冲洗干净,甲鱼的体表不能带有污泥等脏物进入冷库;四是把需要贮藏的甲鱼每只都进行装袋,袋子最好是布做的,一只袋子里只装一只甲鱼,然后把这些装好甲鱼的布袋再装入箱子里,箱子可以是塑料的,也可以是木制或竹制的,但一定要注意箱子要透气,如果是用泡沫箱了,则需要在泡沫箱子四周钻几个孔,确保透气;五是把这些箱子按计划好的要求叠放在一起就可以了。

这种方法适合春夏秋冬的四季贮藏,暂养时间可短可长,根据需要而定,暂养密度也根据贮藏冷库的容量和贮藏时间长短而定。需要注意的一点就是,在夏季贮藏时,由于当时的气温比较高,而冷库里的气温比较低,两者的温差太大,因此在甲鱼入库前要经过逐步适应的过程,也就是要经过慢慢降温的过程才能最终达到12℃左右的冷藏温度要求,如果一下子直接进入冷库,会造成大量的甲鱼因应激而死亡。

第三节 甲鱼的运输

活的成体甲鱼运输是保证商品质量、调节市场供应和进行外贸出口一项重要工作,作为幼甲鱼和亲本甲鱼,它们的活体运输还是传输苗种、扩大养殖基地的主要手段。我国活体甲鱼运输已进行多年,根据不同季节特点各地积累了较丰富的运输经验。

一、甲鱼的运输方法

活体甲鱼的运输分短距离运输和长距离运输两种:几小时到 3～4 天时间的运输称为短距离运输;一个星期以上时间的运输称为长运输,短距离运输,方法简单、管理也方便。长距离运输,技术性较高。

二、短距离运输

只需几小时短距离运输的活体甲鱼,无需特别管理。一日或半日运输的活体甲鱼,只要用简单的方法,依其途中的情况加以适当处理即可,可用运输桶、甲鱼箱、甲鱼篓等简单工具,至于 3～4 日的甲鱼运输,最好用低温运输桶、多功能运输箱等工具。

三、远距离运输

一般 7～10 天的远途运输采用低温运输桶、运输箱、冷藏车等运输工具。至于 2～3 个月的长时间运输,必须用完全密封的运输桶、桶底置细沙 7～8 厘米,并把同样的水注入沙中,在途中要每天换一次水,如果用冷藏车装运,让甲鱼处于冬眠状态,其运输效果更佳,成活率更高。

四、选择适宜的运输时间

甲鱼新陈代谢活动能力与环境温度有密切的关系。据测定,在温度 34℃时,甲鱼的脉搏每分钟为 60 次以上,当温度在 14℃时,甲鱼的脉搏每分钟为 2 次左右,因此运输途中的温度对甲鱼的存活率有很大的影响,运输的适宜温度以 5～10℃为好,不要高于 28℃或低于 0℃。甲鱼在冬眠状态时容易运输,其存活率也较高,而在炎热季节甲鱼的新陈代谢活动能力很强,难于长途运输,如环境条件不适,其运输存活率较低。因此活体甲鱼运输一般选在 11 月至翌年 3 月,如炎热季节运输最好选择阴雨天或气温较低的天气,并同时采取适当的降温措施,另外甲鱼在冬眠刚苏醒后其体质较差,也不宜于长途运输。

五、运输前的准备工作

运输前先选好包装工具,并进行整理,保持清洁干净,里面要光滑平整,包装前应将活体甲鱼严格进行逐个检验并挑选一次,查看甲鱼的外形是还完整,神态是还活跃,是还有外伤或内伤。可将甲鱼的腹部朝上,看其能还迅速翻身。凡外形完整、神态活跃、既无外伤双无内伤的,即为健康的甲鱼,运输存活率较高。而外形伤残,行动迟钝,腹甲发红充血,甚至糜烂的甲鱼,均不能运输。

在运输前,如气温高,在运输前对饲养的暂养的甲鱼应停食 2~3 天,使其排出粪便,减少污染包装工具。然后将经过挑选的健壮甲鱼用 20℃ 以下的凉水冲洗一次,并浸泡 10 分钟,以清洁皮肤和降低活动能力。再按规定将活体甲鱼装入包装工具。包装的填充料以干净柔软的水草为好。春、夏、秋可采用新鲜水草,冬季用的水草可以秋天采集后晒干,用时再浸水泡发。一般不宜用稻草作填充料,因稻草浸水后呈碱性,容易损坏包装工具。

运输前,要制定周密的运输计划,尽可能缩短运输途中时间。运输要遮荫、防暑;昼避免振动、挤压运输箱;运输箱切勿靠近汽车发动机旁。装箱前,须先将整个运输木箱浸透水,使整个有一定的湿度,同时检查各盒底部纱窗是否有破损。将待运的甲鱼,按个体大小挑选,分别装箱,同时将体弱及伤残个体剔除,不要免强装运。

装运密度应根据不同的容器和运输距离而有不同的要求,例如用运输箱装运稚甲鱼时,每层装运稚甲鱼以 400 只为宜,每箱 1 次可装运 1600~2000 只。每箱叠放的层数不宜超过 5 盒,以免最底层的 1 盒过于封闭,通风透气性能差,导致稚甲鱼窒息死亡。

六、运输时的管理

运输工具要高锰酸钾水消毒,里面光滑平整,装箱后,叠好加盖,再用绳子捆扎结实,便于途中携带。启运前,将装有甲鱼的运输箱内洒适量清洁的水。运输途中,配有专人负责护理,做到人不离箱,随时检查运输箱内情况,防止互相咬伤。根据温度和水草的湿润程度,及时洒水清洗,保证活体甲鱼的清洁干净,保持湿润和降低温度。注意防止油污或药品薰染以及蚊虫叮咬。

运达目的地后,将包装工具放在阴凉处敞开,把甲鱼移入木盆内。凡作为养殖对象的,无论是稚、幼、亲甲鱼都应进行身体消毒。通常用 2‰～3‰的盐水或 5 毫克/升的漂白粉浸浴 30 分钟后,即可下池饲养。

第四节　甲鱼不同生长阶段的运输技术

一、甲鱼苗种的运输

从破壳而出的稚甲鱼至 400 克的幼甲鱼,均可统称为甲鱼苗种。但是,只有在越冬前个体重量达了 50 克以上的甲鱼苗种,才能有较高的越冬存活率。

甲鱼苗种运输一般宜在越冬前进行。因甲鱼苗种较小且很活泼,运输难度较大。通常采用运输箱、鱼苗桶运输、塑料箱或塑料桶运输以及湿沙运输等方法,具体的方法见上文。

二、商品甲鱼的运输

1. 严格进行检验

商品甲鱼捕捉后,在运输前还需逐个进行认真检查,看甲鱼的外形是否完整,神态是否活跃,是否有外伤或内伤。凡外形完整、神态活跃、既无外伤双无内伤的,才是健康的甲鱼,运输存活率较高。而外形伤残,行动迟钝,腹甲发红充血,甚至糜烂的甲鱼,均不能运输。

2. 包装与运输工具

商品甲鱼的包装工具可根据不同的运输季节,采用不同的包装工具。一般采用运输桶、低温运输桶、专用运输箱、塑料周转箱、蛋篓、布袋等几种。

3. 运输时间

根据试验表明,商品甲鱼在冬眠状态时容易运输,存活率较高,因此建议商品甲鱼运输一般选在 11 月至翌年 3 月,运输途中的温度以 5～10℃为好。

三、甲鱼亲本的运输

甲鱼亲本运输一般可采用商品甲鱼运输的包装方法,包装用具内部应平整光滑,使用前应用漂白粉、高锰酸钾等进行严格的消毒,包装内部衬垫物可用旱草、水草(如轮叶黑藻、苦草等),多铺少盖,以防甲鱼亲本腹面摩擦受伤充血。注意甲鱼亲本捕获后不宜暂养停留过久,尽可能随捕随运。

甲鱼亲本运输也可采用湿沙运输方法。运输甲鱼亲本每千克需细沙 6～7 千克,湿沙运输能适应较长距离的运输,且存活率比较高。为防止运输环境污染,运输前应停食 1～2 天,长途运输中应定期清除包装工具中的排泄物,夏天高温季节每日冲洗一次。在甲鱼亲本的运输过程中一定要注意防止油污或药品熏染以及蚊虫叮咬。

第十章 做好疾病的防治是甲鱼养殖赚钱的保障

第一节 甲鱼疾病的特点与健康检查

一、甲鱼疾病的特点

1. 环境的变化容易造成甲鱼生病

人工养殖甲鱼的生态环境与甲鱼的天然生态环境相比,发生了很大的变化。如天然的环境广阔,甲鱼的密度很小;而人工放养的密度大,水质极易污染。水环境的恶化即会导致甲鱼生理机能失调,诱发疾病。如水质污染,会造成甲鱼的氨中毒和腐皮病发生。

2. 感染后潜伏期长

由于个体的体质有差异性,导致出现被病原体感染的甲鱼,有的甲鱼在被病菌感染后,几天内就会发病,而有的并不立即发病,在被细菌感染后,却能潜伏一段时间,当环境条件适宜病原体繁殖,且甲鱼的身体衰弱时才暴发出来。

3. 并发症多

甲鱼一旦生病,很少是单一疾病,大多数是多症并发,如腐皮病和疖疮病并发、白斑病和穿穴病并发、红脖子病和鳃腺炎病并发,有的更严重,可能是腐皮病、红底板病和红脖子病三种传染病同时并发。

4. 患病后治愈困难

甲鱼罹患疾病,除了在早期不易被发现外,还由于缺乏特效药物和给药方法而导致治愈困难。在生产实践中,我们发现,有时要控制或治疗某一种甲鱼疾病,往往要采取多种综合治疗措施才能奏效,而且有的病(如鳃腺炎、红脖子病)治愈后还会出现反复发病。

二、甲鱼的健康检查

对患病甲鱼的基本检查诊断,主要是通过视觉、触觉、嗅觉、听觉来判断。另外,饲养的环境、饲养水质对甲鱼疾病的诊断也非常重要。

1. 看甲鱼的精神状态和行为

健康的甲鱼,眼睛明亮有神、动作反应敏捷、爬行有力。如果甲鱼的精神不振,如爬行时后腿无力反应迟钝、嗜睡、在水中转圈、爬行转圈、摇摆或歪脖颈等,就有可能是甲鱼发病了。

2. 检查体表

重点是检查甲鱼的皮肤颜色和光泽度的变化,可以判断是否有外伤、体外寄生虫、肿瘤、腐皮、真菌、营养不良等症状。

3. 检查排泄物

甲鱼的排泄物可以直接昭示甲鱼的健康状况,不能小视。如果甲鱼的粪便呈果冻状,那就可能是肠道受寄生虫感染了;如果甲鱼的粪便呈稀稀的状态,那就是腹泻。

4. 对一些器官的检查

主要是对甲鱼的口腔、鼻、眼、泄殖腔孔进行检查,如果口腔内苍白或溃烂,就是有病了;如果甲鱼张嘴呼吸、拒食、大量饮水、有异常的叫声,那肺炎的可能性极大;如果眼睛里出现浑浊的分泌物,那有可能是呼吸道感染或眼部疾病;如果甲鱼经常做吃力的排泄动作,那有可能是便秘、结石或难产等等。

第二节　中草药治疗甲鱼疾病

中草药是我国传统医学的瑰宝,也是甲鱼疾病防治的主要药物之一,用中草药防治甲鱼疾病具有毒副作用小、成本低、易取材、效果好等优特点,实践证明,中草药具有相当的药理作用具有其他许多药物无法替代的营养物质,如多种维生素等,它们不仅对治疗甲鱼的细菌感染有效,对某些病毒感染也有效,为抗生素和磺胺药所不及,所以,研究应用中草药防治甲鱼疾病,无论从提高商品甲鱼产品质量还是降低甲鱼养殖成本和促进甲鱼养殖业健康发展都有很重要的意义。

一、中草药治疗甲鱼疾病的特点

中草药是我国传统的疾病防治药物,也是我国中医学的基础原料之一,它是通过对疾病的"辨症论治"和中草药的"四气五味"理论来进行施治的,已经越来越引起人们的重视。中草药用于水产养殖业的时间并不长,尤其是用于甲鱼养殖的时间很短,但是经过人们的应用后,已经充分显示出它的特点。

1. 资源广、成本低

几千年来,我国传统医药基本上都是取于民间,用于民生,因此,在广大的农村田头屋地上随处可见各种各样的中草药,只要加以利用,就能达到科学治病的效果。我国地域辽阔,中草药资源丰富,易种易收,且使用简便,这种来源之广、数量之多、价格之低廉是化学药物所难以相比的。

2. 动物体内无药物残留、无公害

中草药是天然物质,保持了各种成分的自然性和生物活性,其成分易被吸收利用,不能被吸收的也能顺利排出

体外,在体外被细菌等分解,不会污染水环境。而一般的化学药物成分会积累在动物体内或长期残留于水中,经常发生毒副作用,已经引起广泛重视。例如搞水产的人都知道孔雀石绿对水霉病、肤霉病等有极好的治疗效果,过去一直是治疗这类真菌疾病的首选药物,但是它的药殖时间极长,可达300多天,而且人们在食用水产品后,能诱发致癌,因此现在已经被列为水产养殖病害中的禁用药品,甲鱼养殖也不能使用。

3. 毒副作用小或无,动物体不产生抗药性

中草药因大多数取自于自然界,发生毒副作用的机率相对而言少得多;即使一些有毒的中草药,在经过适当的炮制加工后,毒性会降低或消失,而通过科学的组方配伍,利用中药之间的相互作用,提高了其防病治病的功效,减弱或减免了毒副作用。现在人们在预防和治疗水霉病时,取代孔雀石绿的可以用中草药,生产实践表明,在调好水质的同时采用泼洒以大黄、五倍子、苦参等中草药配伍而成的煎剂,连渣带液全池泼洒后,不但预防治水霉病的效果好,而且还有助于培养水质,对建立起良好的藻相具有重要意义,而且甲鱼体内没有残留现象。

二、中草药的作用

在水产养殖中,使用中草药具有重要作用。

1. 抗病害

许多中草药具有非常好的药用功能,甲鱼等水产动物使用后,能够有效地抵抗病害的侵袭。例如大黄、黄连、大青叶等能够抑菌,具有预防和治疗细菌性疾病的作用;板蓝根、野菊等有抗病毒的能力,对病毒性疾病有很好的预防治作用;苦楝皮、马鞭草、白头翁等能杀虫,对寄生虫有较强的杀灭作用,外泼可治疗体外寄生虫,内服则能驱除和治疗体内寄生虫疾病。

还有一些中草药同时具备多种抗病害的作用,例如甘草是一味中医上最常用的中药,具有镇静、抗炎、抗菌和抗过敏作用,我们在针对甲鱼多种疾病的特点,可以适当配伍进行组方,从而达到对多种疾病的预防和治疗作用。

2. 增强机体免疫力

许多中草药具有药物性和营养性的双重功效,它们既能促进糖代谢、蛋白质和酶的合成、增加机体抗病力,又具有杀菌、抑菌、调节机体免疫功能的作用。例如黄芪就具有提高机体免疫功能、增强体质的作用,甲鱼等水产动物食用后,利用本身所具有相对完善的免疫功能的基础上,黄芪等中草药可以对其起调节作用,从而达到更好更强地增强机体免疫力的效果。

3. 可以完善饲料的营养,提高饲料转化率

中草药本身含有一定的营养物质,如粗蛋白、粗脂肪、

维生素等,某些中草药还有诱食、消食健胃的作用,当甲鱼等水产动物食用后,可以完善饲料的营养,提高饲料转化率,降低饵料系数,减少养殖成本。

4. 解毒功能更好

现在许多饲料原料,由于储存等多方面的原因,导致配合饲料的真菌毒素增加,当甲鱼等水产品食用后,就会对它们的肝脏等造成严重的损害。目前在全球范围内动物饲料,已鉴定出来的真菌毒素有 300 多种,主要危害是对动物免疫系统破坏,导致对疾病易感性增强,抗病力下降,导致多种难以判断的综合病症陆续出现,在这一方面,中草药通过治本,慢慢调理的效果,而成为解毒的首选。

三、中草药的应用方法

根据甲鱼的自身特点和摄食特性,结合中草药的特性,我们在用中草药给甲鱼预防和治疗疾病时,可采用多种方法,基本的应用方法主要有以下几种。

1. 泼洒法

泼洒法就是泼洒水剂的方法,也就是根据甲鱼的患病情况以及甲鱼数量,按照特定的配方,把计算好的中草药煎成汁液,也可以用较长的时间沤制中草药,最终浸泡成水剂,再将这些煎液或水剂直接泼洒到养殖池中,达到预防和治疗疾病的目的。如果是新鲜的中草药,则须将中草药捣碎,用水浸泡后,连渣带汁全池泼洒就可以了。采用这种方法时,需要注意一点,就是要求水剂或煎汁的水温调节到与养殖池中的水温一样时,才能泼洒。

2. 内服法

内服法也就是让甲鱼将中草药直接吃进去,从而达到预防和治疗的目的。先按调配好的比例将中草药物煎成水剂或将中草药干品制成粉剂,再将这些水剂或粉剂拌入饲料中投喂给甲鱼食用,这个过程就是内服中草药法。采用这种方法时,需要注意两点:一是有些中草药本身有毒性或有微毒,食用过多时,有可能会引起甲鱼的中毒,尤其是 50 克以下的稚甲鱼苗尽量不内服药粉;二是对粉剂的处理,由于干粉遇水后会吸水膨胀,因此对于制作好的粉剂中草药,在拌入饲料前须在温水中浸泡 5 小时以上,这种温水的目的是让药粉中的粗纤维和木质素充分软化,以免甲鱼摄入干药粉后在肠道膨胀堵塞肠道;三是不同形态的中草药,投喂前的处理方法不完全相同,新鲜的中草药采取先洗净切碎,再与饲料拌合后直接投喂。干的中草药切碎后煮汁,用药汁或连同药渣与饲料拌合喂。

3. 浸泡法

这也是常用的一种方法,就是把药物按配方用量计算好,鲜品可以用绳捆扎成束或网袋装好,干品则可以用纸袋或篓框装好,放在养殖池水中浸泡,通常是放在进水口或食场附近浸泡,使药物中的有效成分在水中逐步渗出,并扩散到全池,从而达到防治病虫害的目的。还有一种是专门用于疾病治疗的,就是把煎好的药水放在一个的容器内,让甲鱼浸泡几分钟,以达到治疗效果。

4. 糖化法

就是把中草药和豆饼、玉米粉、稻草粉或麸皮混合在一起,经过发酵糖化后喂甲鱼,可改善中草药的适口性,增强甲鱼的摄食欲望。

四、常用中草药的特性及使用方法

1. 大黄的特性及使用

又名香大黄、马蹄黄、将军、生军。为蓼科植物掌叶大黄、药用大黄、唐古特大黄的根和根茎,通常都作为大黄用。

掌叶大黄:多年生草本。茎粗壮,中空绿色。单叶互生,具粗壮长柄,柄上密生刺毛。基生叶片圆形或卵圆形,长达35厘米,掌状叶基部心形,茎生叶较小,有短柄。秋季开淡黄白色花,大圆锥花序顶生。瘦果卵圆形。生于高寒山区,土壤湿润的草坡上,分布于甘肃、青海、宁夏回族自治区、四川及西藏自治区等省区。

大黄:基生叶叶裂较浅,边缘有粗锯齿,花淡黄绿色,翅果边缘不透明。生长在阳光充足,土壤肥沃的大山草坡上。分布于陕西、湖北、四川和云南等省。

唐古特大黄:基生叶叶裂极深,裂片窄长。花序分枝紧密,向上直立,紧贴于茎。生于山地灌木或林缘阴湿处。

分布于甘肃、青海、宁夏回族自治区、四川及西藏自治区等省区。

大黄的药用部分：为根和根状茎。大黄味苦性寒，具泻热通肠、凉血解毒的功效。大黄煎剂具有较好的抗菌和抑菌作用，是一种广谱抗菌药，对由金黄葡萄球菌、溶血性链球菌、大肠杆菌、痢疾杆菌等有很好的杀灭和抑制效果。另外大黄还有收敛、修复创面作用和明显的止血作用。

内服可防治甲鱼的赤白板病和肠道出血病。用量为预防以当日干饲料量的0.8%，煎成汁拌于饲料中连服5天。也可把大黄粉碎成100目过筛的细粉直接拌入饲料中投喂，每千克鱼体重用5～10克大黄，碾成粉末混入饲料内，1天1次，连用3天为一疗程，但在拌入前须用温水浸泡6小时。

外用通常是采取泼洒法，可防治甲鱼的白点病、白斑病和腐皮病。用量为每立方米水体10～15克煎汁全池泼洒，一般连泼3天。

2. 黄柏的特性及使用

呈板片状或浅槽状，长宽不一，厚3～6厘米。外表面黄褐色或黄棕色，有的可见皮孔痕及残存的灰褐色粗皮。内表面暗黄色或淡棕色，具细密的纵棱纹。体轻，质硬，断面纤维性，呈裂片状分层，深黄色。气微，味甚苦，嚼之有黏性。主产于四川省、贵州省、湖北省、云南省等地。

药用部分剥取黄柏树内皮为药。黄柏味苦性寒，具清热解毒、防治肠炎功效，主要用于防治甲鱼的细菌性和病毒性疾病。黄柏水煎剂有较强的抗菌作用，对霍乱弧菌、伤寒杆菌、大肠杆菌有杀灭作用。另外黄柏对提高甲鱼抗病能力有一定作用。

外用采用泼洒法，可防治甲鱼的疖疮病、腐皮病，用量为每立方米水体 10～15 克，煎汁后全池泼洒，连用 3 天；内服可以用来防治肠炎病，用量以当天干饲料量 1% 的比例，煎汁后拌入饲料中进行投喂，连续投喂 5 天。

3. 甘草的特性及使用

甘草又叫国老、甜草、乌拉尔甘草、甜根子。豆科、甘草属多年生草本，根与根状茎粗壮，直径 1～3 厘米，外皮褐色，里面淡黄色。具甜味，是一种补益中草药。茎直立，多分枝，高 30～120 厘米，密被鳞片状腺点、刺毛状腺体及白色或褐色的绒毛。叶长 5～20 厘米，托叶三角状披针形，边缘全缘或微呈波状，荚果弯曲呈镰刀状或呈环状，密集成球，密生瘤状突起和刺毛状腺体。种子 3～11，暗绿色，圆形或肾形，长约 3 毫米。花期 6～8 月，果期 7～10 月。甘草多生长在干旱、半干旱的荒漠草原、沙漠边缘和黄土丘陵地带。

药用部分是根及根茎，性味甘平。具有清热解毒、消炎、抗炎、调节机体免疫功能等功效。

主要分布于我国的华北、西北和东北等地。

药用部分为豆科植物甘草的根茎。甘草味甘性平。具有清热解毒、调和诸药、补脾益气的功效。能加强肝脏的解毒机能，有较好的抗菌和保护消化道黏膜的作用。在甲鱼疾病防治中可用来预防肝病和辅助防治赤白板病。

预防甲鱼肝病主要是脂肪肝和药源性肝炎,用量为每日干饲料的1‰~1.2‰的比例,煎汁拌在饲料中投喂,一般每月投喂10天左右就可以起到预防作用了。

4. 五倍子的特性及使用

又名文蛤、百虫仓、木附子。为落叶小乔木漆树科植物盐肤木、青麸杨或红麸杨叶上五倍子蚜虫的干燥囊状虫瘿,秋季采摘,置沸水中略煮或蒸至表面呈灰色,杀死蚜虫,取出,干燥。按外形不同,分为肚倍和角倍。肚倍呈长圆形或纺锤形囊状,长2.5~9厘米,直径1.5~4厘米。表面灰褐色或灰棕色,微有柔毛。质硬而脆,易破碎,断面角质样,有光泽,壁厚0.2~0.3厘米,内壁平滑,有黑褐色死蚜虫及灰色粉状排泄物。角倍呈菱形,具不规则的角状分枝,柔毛较明显,壁较薄。产于河北、山东、四川、贵州、广西、安徽、浙江、湖南等省。

五倍子味酸、咸性平。含有鞣酸,它有收敛止血、抑菌解毒作用,五倍子煎剂具有较强的杀菌能力,是一种常用的抗菌药,对革兰阳性和阴性菌均有较好的抑制作用,如金黄色葡萄球菌、溶血性链球菌、绿脓杆菌等,可防治黏细菌、产气单胞菌和假单胞菌引起的甲鱼病。对孔病、腐皮病、烂颈病、白斑病、幼甲鱼白点病、水霉病等疾病有很好的防治效果。

在甲鱼疾病防治中可用来防治甲鱼苗阶段的白点、白斑病。将五倍子捣碎,用开水浸泡一夜再煮沸15分钟后,连渣汁一起全池泼洒,用量为每立方米水体 8～15 克,一般连用 3 天。用药前将池水排至 30 厘米深,然后泼药,分 3 天逐渐加水至原来水位。值得注意的是由于五倍子中的水解性鞣质对肝脏有很强的损害作用,因此五倍子尽量用于外用泼洒而不能用于内服。

5. 穿心莲的特性及使用

爵床科植物,一年生草本,高 50～100 厘米,全株味极苦。茎直立,多分枝,叶对生,卵状矩圆形至矩圆形披针形,长 2～11 厘米,上面深绿色,下面灰绿色,花冠淡紫白色,蒴果长椭圆形。花期 8～9 月,果期 10 月。生于湿热的平原、丘陵地区。主产广东、福建。现长江南北各地均引种栽培。

药用部分为穿心莲的全草。穿心莲味苦、性寒。具有清热解毒、消肿止痛的功效。煎剂对多种革兰阳性菌和革兰阴性菌有较强的抑制作用,尤其是对金黄葡萄球菌、溶血性链球菌、绿脓杆菌和痢疾杆菌等效果良好。在甲鱼疾病的防治中,既可用于稚甲鱼苗阶段常发的白斑病、白眼病、白点病的防治,也可用于甲鱼的红底板病和白底板病等的防治,均有明显效果。

首先要特别注意一点就是穿心莲的味道特别苦涩,所以在 30 克以内的稚甲鱼阶段尽量以泼洒法外用,尽可能不单用或少用穿心莲来给稚甲鱼内服。

其次是外用泼洒时,每立方米水体 10～15 克,将穿心莲煎汁后,连渣带液全池泼洒,每天 1 次,连用 3 天。

再次就是内用口服时,只针对 200 克以上的大规格的甲鱼苗种或接近上市的商品甲鱼使用,每 50 千克甲鱼每天用穿心莲 0.4 千克,煎汁拌入饲料中,每天喂 1 次,3 天为 1 个疗程。如果不能准确估算养殖水体中甲鱼的重量时,可以通过饲料量来计算,方法是以当日干饲料量 0.8%的比例煎汁,再将汁液拌入饲料中投喂,连喂 6 天。

最后就是如果是想用穿心莲来达到长期防病的目的,可每月用干饲料量 0.5%的比例连续投喂 10 天。

6. 大蒜的特性及使用

大蒜又名蒜、蒜头、独蒜、胡蒜。为百合科葱属植物蒜,以鳞茎入药。多年生草本,具强烈蒜臭气。鳞茎大形,具 6～10 瓣,外包灰白色或淡棕色于膜质鳞被。叶基生,实心,扁平,线状披针形,宽约 2.5 厘米左右,基部呈鞘状。花茎直立,高约 60 厘米;佛焰苞有长喙,长 7～10 厘米;伞形花序,小而稠密,浅绿色;花小形,花间多杂以淡红色珠芽,花柄细,长于花。蒴果,种子黑色。花期夏季。春、夏采收,扎把,悬挂通风处,阴干备用。全国各地均产。

药用部分为大蒜素。大蒜中含挥发油约 0.2%,油中主要成分为大蒜辣素,具有广谱抑菌、杀菌作用,也是一种常用的抗菌药,用于防治甲鱼的肠炎病,同时对提高甲鱼的食欲也很有好处。

大蒜在甲鱼的疾病防治中基本上是用于内服,每千克甲鱼体重用药 10～30 克,先将大蒜捣碎,然后用饵料混合,并加入适量食盐,稍作晾干后即可投喂。1 天 1 次,连用 6 天,可防治肠炎病。

7. 金银花的特性及使用

　　金银花为忍冬科多年生藤本灌木药用植物,又名忍冬花、双花、二花,由于忍冬花初开为白色,后转为黄色,因此得名金银花。小枝细长,中空,藤为褐色至赤褐色。卵形叶子对生,枝叶均密生柔毛和腺毛。夏季开花,苞片叶状,唇形花有淡香,外面有柔毛和腺毛,雄蕊和花柱均伸出花冠,花成对生于叶腋,花色初为白色,渐变为黄色,黄白相映,球形浆果,熟时黑色。花期 4～6 月(秋季亦常开花),果熟期 10～11 月。

　　药材金银花为忍冬科忍冬属植物忍冬及同属植物干燥花蕾或带初开的花。金银花,三月开花,五出,微香,蒂带红色,花初开则色白,经一、二日则色黄,故名金银花。又因为一蒂二花,两条花蕊探在外,成双成对,形影不离,状如雄雌相伴,又似鸳鸯对舞,故有鸳鸯藤之称。

　　药用部分为花蕾(金银花)和藤(忍冬藤)。金银花性寒,味甘,具清热解毒、增强免疫力、护肝消炎、疏散风热的功效。金银花水浸剂对金黄葡萄球菌、绿脓杆菌、变形杆菌、溶血性链球菌等病原菌有较好的抑止作用。全国大部分地区都有栽培,一次栽植可受益几十年。在甲鱼的疾病防治中,既有保健作用又有防治疾病作用,可防治甲鱼的红底板病、白底板病。

　　在防治甲鱼的红底板病、白底板病时,以内服为主,用法和用量为为干饲料量的 1%～1.5%,磨成粉后拌入饲料中投喂甲鱼,一般连喂 10 天。时间在温室出池前后各喂一次。

在作为甲鱼保健时,也是内服,平时可与其他中草药一起以不低于于 20％的比例配伍,每月投喂 10 天。需要提出的是金银花有抗生育作用,故在应用于亲本甲鱼时,配伍量以不超过 10％为好。

8. 板蓝根的特性及使用

板蓝根是十字花科植物菘蓝的干燥根。又叫大蓝根、大青根,二年生草本植物。茎直立,高 40～90 厘米。叶互生;叶片长圆状椭圆形;花小,花期 5 月,长角果长圆形,果期 6 月。主根深长,呈圆柱形,稍扭曲,长 10～20 厘米,直径 0.5～1 厘米。表面淡灰黄色或淡棕黄色,有纵皱纹及支根痕,皮孔横长。根头略膨大,可见暗绿色或暗棕色轮状排列的叶柄残基和密集的疣状突起。体实,质略软,断面皮部黄白色,木部黄色。分布内蒙古、陕西、甘肃、河北、山东、江苏、浙江、安徽、贵州等地,而主产地则在河北、江苏、安徽等地,常为栽培。

药用部分为干燥根,以根平直粗壮、坚实、粉性大者为佳。气微弱,味微甜后苦涩。具有清热解毒,凉血的功效。煎剂有较好的抗病毒和抗菌作用,对枯草杆菌、大肠杆菌、伤寒杆菌等病原菌均有较好的抑止作用。秋季采挖,除去泥沙,晒干后备用。

在甲鱼疾病防治应用中,主要用于防治甲鱼的红底板病、白底板病、代谢不良症。用法用量也是有讲究的,在工厂化温室的甲鱼苗种移到室外养殖前 5 天开始投喂,一直到出池后 5 天进行预防。用量为每日干饲料量的 1.2%,煎汁后拌入饲料中投喂。治疗时如果甲鱼还能吃食,可用板兰根与其它抗病毒中药及西药合用效果更好。

在治疗代谢不良症时,每 100 千克甲鱼可用板蓝根 6 千克、蒲公英 3 千克,配上少量糖,制成煎剂后,拌在饵料中投喂甲鱼,6 天为一疗程。

五、中草药在甲鱼不同生长阶段的应用

中草药用于甲鱼疾病的预防治,具有明显的生态防治的效果,而且具有用药量少、资金占用少的优点,从目前生产上的实践来看,几乎甲鱼的所有阶段,都可以用中草药来进行疾病的预防治。

1. 甲鱼亲本的培育阶段

首先是甲鱼亲本的产前阶段,这时应多投喂动物内脏、螺类等饵料。所投喂的饵料均经过中草药的浸泡,即由地参、羊角豆、柴胡、牡丹皮、连翘、大黄等进行合理配伍,然后煎水,再把饵料浸泡在这些药液中一小时,再投喂给甲鱼亲本摄食。配方为地参 50 克、羊角豆 50 克、柴胡 100 克、牡丹皮 100 克、连翘 100 克、大黄 100 克,这味中草药的配方可提高甲鱼亲本机体抵抗疾病的能力,同时能大大提高所产卵的受精率。

其次是甲鱼亲本的产后培育阶段,在甲鱼亲本产卵后,它们会消耗大量的能量,这时也需要加强培育,特别是

9～10月份,性腺发育开始进入下一个周期,除了加强投喂外,更重要的就是加强水质的管理,可采用金银花200克、野菊花100克、地葵50克、桑叶100克、酸藤50克等中草药配伍后,煎水后全池泼洒,用量按每亩水体总量1.5%的比例,进行水质预防。能使水质保持肥沃清新,浮游动物丰富,透明度保持在35～40厘米,同时能有效地减少甲鱼亲本相互之间的干扰,使甲鱼亲本在池中感到安全,从而能迅速性腺的健康发育。

2. 稚甲鱼培育阶段

在稚甲鱼刚出壳时用金银花200克、野菊花100克、地葵50克、桑叶100克、酸藤50克等煎水,然后将中草药的水温调至28～31℃时放入稚甲鱼,浸泡10～15分钟,放入稚甲鱼培育池中进行培育。

在稚甲鱼开食一周后,可用中草药进行拌饵投喂,配合饲料中每10千克的饲料中添加500克的中草药,饲料中中草药的配方为黄木香200克、吊瓜200克、白花菜100克等,先将这些中草药研磨后,配到饲料中投喂,一般连续投喂5～7天,间隔25～30天再投喂一次。在中草药加入饲料投喂时,可根据实际情况适当减少投喂量10%～30%。

3. 甲鱼种培育阶段

在甲鱼种,养殖阶段以配合饲料为主,配以10%～20%的鲜活鱼(或鲜蚯蚓或黄粉虫或冰鲜鱼)和2%～3%

的新鲜蔬菜,其中鲜料应先打成浆,再和中草药一起配到饲料中,然后制成颗粒或团状进行拌饵投喂,配合饲料中每 10 千克的饲料中添加 500 克的中草药,饲料中中草药的配方为何首乌 100 克、毛须藤 50 克、地锦草 100 克、板蓝根 200 克、铜钱草 50 克等,一般连续投喂 5～7 天,间隔25～30 天再投喂一次。为了便于甲鱼种吃食,并减少中草药的浪费,可先把甲鱼种驯化成水上摄食,把饲料投在食台板上离水位线 1 厘米处,使甲鱼种身体在水中通过伸缩脖子即能吃到饵料为宜。

4. 商品甲鱼的养殖阶段

在商品甲鱼的养殖阶段是使用中草药最多的时候,应根据不同的疾病使用不同的中草药配方,才能够起到不同防治效果。

首先是中草药可用于商品甲鱼平时的预防,能起到调节体质、促进生长的功效。如用何首乌、灵芝、人参、甘草、黄芪等中草药按一定的比例,煎水拌在饲料中坚持 1 月投喂 10 天,可起到补益气血的作用;用山药、牡丹皮、熟地黄、茯苓等中草药按一定的比例,煎水拌在饲料中坚持 1 月投喂 10 天,可起到滋补甲鱼肝肾的作用;用陈皮、大黄、柴胡等中草药按一定的比例,煎水拌在饲料中坚持 1 月投喂 10 天,可起到健胃消食、促生长的作用。

其次是用于疾病的治疗,可用于多种甲鱼疾病的治疗,具体的中草药配方以及治疗方法请见后面相关的疾病防治部分。

第三节 甲鱼常见疾病的预防治

一、红脖子病

红脖子病又叫"阿多福病",或大脖子病。

1. 病原

病原体为嗜水气单胞菌。

2. 症状特征

甲鱼发病时,常浮在水面或独自爬到岸上,或钻入岸边的泥土里、草丛中,不肯下水。食欲缺乏,行动迟钝。病甲鱼背甲失去光泽呈黑色,颈部特别肿胀,发炎充血且发红,以致于不能正常缩回甲壳内。腹部也发红充血或有霉烂的斑块,周边浮肿,并逐渐溃烂。有的肝脾肿大,呈点状出血,有的有坏死病灶。有的引起眼睛混浊发白而失明,舌尖、口鼻出血,大多数在上岸晒背时死亡。

3. 流行特点

(1)在甲鱼的生长季节都有流行,高峰期为 7～8 月。
(2)流行较广,有传染性,一旦发病,就会蔓延开来。

4. 危害情况

(1)幼甲鱼、成年甲鱼都会有感染。

（2）死亡率一般在 20%～30%。

5. 预防措施

（1）在生产中发现，水温是导致红脖子病的重要因素，操作中要尽力保持水温的相对恒定。若水温变幅大，要经常消毒池水、控制水体内病原菌的相对密度。

（2）由于甲鱼对嗜水气单胞菌能产生免疫力，因此可用"土法疫苗"制成饲料投喂或注射。方法是取患典型红脖子病的甲鱼的肝脾、肾等脏器，经捣碎、离心、防腐灭活等制成，然后在发病之前注射到甲鱼后肢肌肉处，每只注入疫苗 0.5 毫克，可使甲鱼产生免疫力。

6. 治疗方法

（1）在发病季节注意改善水质，加强饲养管理，能减少此病的暴发流行。一是用生石灰清塘，换新水。二是及时将病甲鱼隔离。三是发现此病后，不要将氨水混进水塘，否则患病愈加严重。

（2）饲料中添加抗菌素（每千克甲鱼添加约 10 万单位）或抑菌药（每千克甲鱼约 10 毫克），制成药饵喂甲鱼防治。

（3）据报道，引起红脖子病的嗜水气单胞菌对杆菌肽、卡那霉素、庆大霉素敏感，而对磺胺类药物、链霉素、青霉素等抗生素耐药，所以我们在用药时要注意这一点。宜选用药敏试验的高敏药物，常注射庆大霉素治疗，每千克甲鱼用 15 单位，从甲鱼的后肢基部与底板之间注入。

二、白斑病

1. 原病因

(1)通常水质偏酸、溶氧偏低、放养密度每平方米大于50只较易患该病。

(2)在人工甲鱼养殖池中最容易感染此病,尤以捕捉、搬运过后的甲鱼最易发病。

2. 症状特征

甲鱼身体各部位皮肤上都有寄生,但是主要分布在背部,呈不规则斑块状,无脓、无水,每块面积 0.5～1.0 平方厘米,随着病情的发展,白斑处表皮逐渐坏死、脱落、溃疡。病甲鱼裙边变软、变薄,无弹性,食欲减少,爱在料台上停留。

3. 流行特点

常年均可流行,尤其是 8～10 月更流行,病程为 5～15 天。

4. 危害情况

病甲鱼食欲减退,影响生长,在越冬期间能使稚甲鱼死亡。

5. 预防措施

（1）适宜的放养密度是每平方米内前期稚甲鱼不应超过 50 只，饲养时间不应超过 30 天。

（2）改良水质，pH 值保持 7.2 以上，溶氧保持 3～4 毫克/升。

（3）用生石灰彻底清塘或用漂白粉消毒池塘，保持水体清洁呈浅绿色。

（4）在捕捉、运输、放养过程中，要细心操作，防止损伤甲鱼体表，并使用食盐或土霉素对甲鱼体表进行消毒。

（5）这种真菌在流水池的清新水中有迅速繁殖的倾向，而放入肥水池中的甲鱼则很少发生此病，因此保持肥水而爽的水质，可以减少此病发生。

（6）培肥水质，使水体中有益菌迅速生长繁殖，在水体中快速占领优势生态位，抑制有害菌的生长繁殖，尤其是在新池新水中，真菌有迅速殖繁殖的倾向，因此要调节好水质。

（7）调节好养殖水温：由于真菌的最适生长水温为18～28℃，所以养殖水温须在甲鱼苗放养前调到 29～31℃，这样不但利于甲鱼的活动吃食，也能抑止真菌的生长。

6. 治疗方法

（1）用 0.04％的食盐加 0.04％的小苏打合剂全池泼洒防治，同时调节 pH 值。

（2）发现受伤的甲鱼或病甲鱼，立即隔离。并用1％的金霉素软膏或磺胺软膏涂患处。

(3)用 15 毫克/升的二氧化氯溶液洗浴病甲鱼 10～20 分钟。

(4)用 500 毫克/升的食盐和 500 毫克/升的小苏打合剂全池泼洒,可防治白斑病。

(5)用三氯异氰脲酸 1.5～2.5 毫克/升浓度全池遍洒。

(6)泼洒 2～3 毫克/升的戊二醛,24 小时后加泼洒 1 毫克/升的戊二醛,再过 8 小时后泼洒 1.5 毫克/升的聚维酮碘。

(7)用白斑灵防治,用 2～4 毫克/升浓度全池遍洒,连续用药 3 天,再用此药投喂,每 50 千克稚甲鱼每天用药 1～2 克,连续用药 5～7 天,治愈率可达 95％。

(8)每千克饲料中添加肝保宁 2 克、电解多维 2 克、溶净 1 克,连续使用 6 天。

三、白点病

1. 病原病因

病原为嗜水气单胞菌、产碱杆菌、温和气单胞菌。机体受伤是被病原体感染的主要原因。尤其在养殖早期,稚甲鱼体质差、表皮嫩。由于放养、运输的操作不慎损伤甲鱼体表或放养密度大等原因很容易造成机体受伤,受伤的甲鱼在水质差等恶劣条件下很快被病菌感染。另外异地购买卵、苗种时将病原带入,也是重要的原因之一。

2. 症状特征

患病稚甲鱼苗的体表及四肢出现伤痕、表膜溃烂。背腹甲伤痕纵横交错，随着病情加重，背腹甲伤痕处及它处出现白点，芝麻粒大小，因此得名白点病。此时，甲鱼的摄食量下降，食台上开始出现糊状剩料。严重时白点扩展为穿孔，穿孔部位主要在胸骨处、背部脊椎处以及裙边。病灶周围出血，将病灶处坏死组织挑出，形成很深的洞穴，裙边烂穿，此时食台上出现病甲鱼，并开始出现死亡。随着病势的加重，病甲鱼数量逐渐增多，夜晚观察食台上病甲鱼有堆叠现象。

3. 流行特点

(1)在恒温封闭或半封闭温室内发病率较高。

(2)多发于甲鱼苗放养后的 30 天内流行。

(3)发病时间在 7～10 月份，8～9 月份为发病高峰期。

(4)适宜水温 29～30℃。

4. 危害情况

(1)该病来势猛、发病时间早、发展快、死亡率高，是目前影响养殖成活的主要病害之一。

(2)尤其是直接购入的境外甲鱼苗，往往会造成全军覆没的后果。

(3)感染对象多数是 50 克以下的稚甲鱼，是温室稚甲鱼培育中危害较大的疾病之一。

(4)死亡严重时,单池日死亡率达20％。

(5)病程一般7～25天,死亡率20％～80％,严重的达100％。

5. 预防措施

由于斑点病的病原细菌和真菌感染的主要条件是在损伤的甲鱼苗体表的基础上发生的,所以在预防中应做到以下几点。

(1)尽量减少苗种体表的损伤:操作时除了要轻拿轻放、带水操作,还应尽量减少操作的环节,从而减少苗种体表受损伤的机会。

(2)温室在放甲鱼前需要经过严格的消毒,有沙养殖的最好将沙更换:消毒的方法是用50毫克/升的漂白粉泼洒,另外食台板、隐蔽物等都要放在药液中浸泡5～7小时。养殖用的水源用50毫克/升的甲醛全池泼洒。

(3)甲鱼在放养前要进行严格的消毒:在配制甲鱼体消毒药时,不但要求低毒高效,还应是既抗细菌又抗真菌的多效药物,所以消毒时可选能破坏病原体渗透压的盐水,一般为2％的浓度浸泡10分钟。也可用5～10毫克/升的高锰酸钾浸泡10分钟,将体弱、伤残的甲鱼剔出单池饲养。

(4)确定合理的放养密度:光照条件较差的温室,一次性养成时,放养密度为20～25只/平方米;如果是采取分级饲养的,稚甲鱼苗的放养密度为25～35只/平方米。同一温室内放养的苗种产地一样,同池内规格相近,放养时间一致,不同的来源放养密度也有差异,日本鳖≤25只/立方米,中华鳖≤30只/立方米,台湾鳖和泰国鳖≤40只/立方米。

(5)培肥池水:培养水体中的浮游生物,尽量使蓝藻类、原生动物等优势种群达到生态平衡,水质肥、嫩。水体透明度在10~20厘米,溶解氧大于3毫克/升,生物耗氧量15~253毫克/升,氨氮含量低于3毫克/升。光照条件较好的温室,可以移植水葫芦、水花生等漂浮植物,用以净化水质并为甲鱼提供栖息隐蔽场所。此外,肥水中的浮游动物枝角类还能吞食细菌,所以我们提倡甲鱼苗肥水下塘,也是为预防斑点病的发生。肥水方法是在放前10~15天注上30厘米的池水后每立方米水体再撒上0.5千克的田土和尿素磷肥各5克,然后把水温加高30℃,约10天后水就会逐渐变肥。

(6)提供充足的营养:饲养早期投喂足量的优质全价配合饲料,确保甲鱼对营养的需求,以增强抗病能力。其配方为:人工配合饲料45%+鲜活饵料40%+植物汁10%+动植物油3%+微量元素1%+防病药物1%。

(7)定期对水体消毒:通常用漂白粉、生石灰,两者交替使用,每半个月1次。两种药物的用量为漂白精1毫克/升,生石灰50毫克/升。

(8)投喂嗜水气单胞菌灭活疫苗:增强甲鱼特异性免疫力,能有效地降低白点病的发生。

6. 治疗方法

(1)及时泼洒中草药:当斑点病发生后,首先彻底换掉池水,然后可用中药艾叶、黄柏、五倍子、乌梅各 25% 合剂,以每立方米水体第一天 25 克,第二天 15 克,第三天 10 克的量煎汁泼洒。

(2)病甲鱼及时隔离单养:投放前用 30 毫克/升高锰酸钾浸泡 20 分钟。病池泼洒呋喃唑酮 6 毫克/升。泼洒前用草酸等弱酸将水体 pH 调节到 7.0 左右,连续泼洒 3 次。

(3)患病池缩短换水周期:3～5 天 1 次,全池泼洒生石灰 100 毫克/升或高锰酸钾 15 毫克/升,24 小时后泼洒氯霉素 20 毫克/升,连续 3 次。同时内服磺胺类药物,用量为每千克干料 4 克,投喂 5～7 天。

(4)使用碳酸氢钠(小苏打)调节 pH 到 7.5～8.0,用 2～5 毫克/升的浓度全池泼洒。

(5)先泼洒 3～5 毫克/升的甲砜霉素,消毒养殖水体;24 小时后泼洒 1～2 毫克/升的碘溴海因。

(6)内服治疗,每千克饲料中添加头孢霉素、利福平等抗菌药物 2～3 克,连用 6 天。

四、甲鱼白点病与白斑病的鉴别

甲鱼白点病与白斑病多发生在幼甲鱼阶段,症状颇为相似,导致有些养殖者对白点病、白斑病辨别不清,在甲鱼病治疗过程中存在盲目、滥用药物的现象,从而影响了甲鱼病的防治效果,造成不必要的经济损失。但两者还是可以从暴发时的温度、病原等方面进行区别,以便及时对症下药。

1. 发病原因

共同的原因都有是一样的,与它们的身体娇嫩、皮肤易受机械损伤以及温室的养殖环境有密切关系。不同的原因主要表现在温度、水质等方面。

白点病:温室里水温一般控制在 $27\sim32℃$,此温度为白点病发病的最适温度;加温时产生的雾气过浓,削弱了光照强度,为病原体创造了良好的繁殖条件;水质偏酸,溶氧偏低,也易引发白点病。

白斑病:幼进池前不慎受伤、甲鱼机体消毒不严、甲鱼的放养密度过大等,容易造成病原体对甲鱼机体的感染;室内气温较低,甲鱼池控温差;池水清瘦等都可引起该病的发生。

2. 症状

白点病:在小甲鱼的颈部、背部、腹部、四肢的角质皮下有米粒、绿豆大小的白色斑点,以腹部最多,病灶略向外突出,用手挑压可将白点去除,只留下一个小眼。

白斑病:甲鱼的背部、四肢、裙边等处先出现白点,随病情恶化而逐渐扩展成一块块的白斑,表皮坏死、脱落,部分崩解。将发病甲鱼置入水盆中,使水淹没甲鱼身体,可见甲鱼背部有一块块白斑,用手擦拭无影响。

3. 病原

白点病:病原菌属于细菌类,主要是产气单胞杆菌。如嗜水气单胞菌、温和气单胞菌、豚鼠气单胞菌等。

白斑病:病原菌属于真菌类,主要是毛霉菌。

4. 流行

白点病:在高温时出现,水温 25～30℃时流行。

白斑病:在低温时出现,水温 10～20℃时流行。

5. 危害

白点病:主要危害稚甲鱼。发病高峰在稚甲鱼孵化 1 个月内以及进入温室 1 个月内,死亡率比白斑病高。

白斑病:主要危害幼甲鱼。发病高峰是以养殖时间在 60 天以下幼甲鱼最为严重,传染快、死亡率高。

五、红底板病

红底板病又叫腹甲红肿病,这是我国近年来危害最大的甲鱼病,且到目前还没有较理想的治疗方法,但通过各方面的努力,已基本找到了该病的主要病原与发病条件,并在预防上有了突破性进展,特别中草药和免疫苗防病研究的进展,为今后控制该病的发生打下了基础。

1. 病原病因

病原是点状产气单胞菌点状亚种。病因一是多由运输过程中挤压、抓咬所致,二是红脖子病或其他内脏炎症的反应,在养殖季节容易发生。当气候环境恶劣或正常养殖环境被突然打破等都是诱发该病的主要因素,特别是春季温室甲鱼种出池到室外养殖的发病率占60%左右。

2. 症状特征

突然或长期停食是该病的典型症状,减食量通常在50%以上。发病后病甲鱼多在池边漂游或集群,大多病甲鱼头颈伸出水面后仰,并张嘴作喘气状,腹甲发炎红肿并伴有脖颈肿大和红肿病症,整个腹部充血发红,并伴有糜烂、胃和肠道整段充血发炎等症状。对环境变化异常敏感,稍一惊动迅速逃跑,不久就潜回池边死亡。

3. 流行特点

(1)3月下旬～6月为发病季节,日本及我国很多地区均有红底板病的流行。

(2)来势猛、病程长、死亡率高、不分季节并与气候环境条件密切相关是该病的流行特点。

4. 危害情况

(1)晚上爬到塘坡上的甲鱼、反应迟钝的病甲鱼大多仅能活1～2天,白天不下水的甲鱼,多数几个钟头就死了。

(2)经治疗,有70%以上的治愈率。

5. 预防措施

（1）改进养殖模式。生产实践表明,春季从温室移养到室外易发生该病的甲鱼种大多是在封闭性温室里培育的,而采光大棚培育的较少,这是因为在封闭性温室里,长期恒温且环境相对稳定,如果在出池前没有进行较长时间的调控,就难适应室外多变的自然环境,所以建议改变养殖模式,移到室外养殖的甲鱼种,最好在塑膜大棚或野外池塘培育为好。

（2）在捕捉、运输过程中应注意保护,避免相互残伤。

（3）发现病甲鱼应及时隔离,用石灰清塘消毒。

（4）培育体质强壮的优质甲鱼种,投喂的饲料中应添加一定比例的鲜活饲料,这样既补充了某些营养不足又能增强甲鱼的体质。在越冬前每 100 千克甲鱼体表,每天每千克体重用抗菌素 10 毫克,连喂 6 天,增强越冬期的抗病力。

（5）定期投喂些促进消化提高机体免疫力的中草药,如板蓝根、黄芪、甘草、败酱草、铁苋菜、马齿苋、双花等。

（6）外运甲鱼种应做好隔离暂养和甲鱼机体消毒工作,除了要注意外运季节的天气状况和装运管理方法,还应把运到的外地甲鱼先隔离暂养一段时间,等完全适应和正常觅食后再行分养,同时在隔离放养和分养时要做好甲鱼机体的消毒工作,以免外地甲鱼病源传入本地诱发该病。

6. 治疗方法

(1)外伤性的腹甲红肿病可用 20 毫克/升的二氧化氯溶液浸洗 10 分钟。

(2)注射抗生素,每千克甲鱼约 10 万～15 万国际单位。

(3)注射硫酸链霉素,每千克甲鱼 2 万国际单位。3 天可恢复摄食,5 天后红斑开始消退,7 天痊愈。

(4)在饵料中加入磺胺药可治疗早期红底板病。

六、肠炎

1. 病原病因

甲鱼的肠炎有多种情况造成的,其中最主要的也是最常见的有两种,即细菌性肠炎和食物性肠炎,不同情况的肠炎有它们自己特定的病原病因。细菌性肠炎的病原是感染气单胞菌,由于养殖水质恶化水体中有害菌大量繁殖,使用没经过消毒的冰鲜饵料或是所使用的饲料发霉变质引起。食物性肠炎是由于投喂的饲料细度太低,饲料中有不利于消化的原料,饲料加工后的颗粒太硬或鱼油、菜油添加量过大等,造成甲鱼肠道的负担加重,从而引起肠炎。而暴发则因发病初期没有及时控制或隔离患病甲鱼,特别是饲料在水下投喂的养殖场,因饲料质量不好时,会有大量变质的剩饵分解于水中使水质很快恶化,就极易引起疾病暴发。此外,已有此病的甲鱼混养使甲鱼互相感染也易引起此病。

2. 症状特征

患病甲鱼精神不好,反应迟钝,减食或停食,不久后大多趴于食台或池角阴避处,腹部和肠内发炎充血,粪便不成形,黏稠带血红色。细菌性肠炎的典型症状是甲鱼的屁股会出现红肿,大便浮起。食物性肠炎的症状是甲鱼的粪便可以发现未完全消化的食物。

3. 流行特点

在温室甲鱼投苗高峰期及外塘甲鱼吃料高峰期,是主要的流行期。几乎所有的甲鱼都能感染。

4. 危害情况

肠炎是甲鱼养殖过程中常见的病害之一,稚甲鱼、幼甲鱼及商品甲鱼均有可能爆发此病,温室养殖模式相对于外塘养殖模式也更易爆发此病。

5. 预防措施

(1)经常更换池水,调节好池塘水水质,使水质清洁,用生石灰每 20 天用每立方米水体 50 克泼洒调节。

(2)不投喂腐烂变质的食物,饵料要新鲜。特别是冰鲜小鱼一定要化透后清洗干净后再投喂,而且数量要控制在总饲料量的 30％左右。因为冰鲜海鱼极易携带病原生物,同时冰鲜中的组织胺也会引发甲鱼疾病。

(3)定期投喂药饵,每月定期投喂添加比例为干饲料量0.5%大蒜素的饲料,连续投喂10天;也可用中草药穿心莲25%、鱼腥草25%、甘草25%,焦山楂15%、三七10%合剂,按每日干饲料量5%的比例,煎汁后拌入饲料中投喂甲鱼,连喂7天。

6. 治疗方法

(1)对于细菌性肠炎,如果甲鱼还能吃料可给甲鱼饲喂"抗菌类药物"并外泼"三黄粉"或"菌毒散";如果甲鱼已不吃料,则改为外泼"抗菌类药物"、"三黄粉"或"菌毒散"。用药后,给甲鱼饲喂一些"电解多维"和"产酶益生素",以帮助甲鱼恢复肠道功能。

(2)食物性肠炎建议给甲鱼饲喂"电解多维"、"低聚糖"、"产酶益生素"、"盐酸小檗碱"和"大蒜素"。

(3)在饲料中投喂庆大霉素,按饲料量的0.5%添加,连喂5天。

(4)在每年的5~9月份每20天喂一次地锦草药液,每50千克甲鱼每次用地锦草干草150克或鲜草700克,煎汁去渣待凉后拌入饲料中喂服。

(5)中草药黄连5克、黄精5克、车前草5克、马齿苋6克、蒲公英3克。放砂锅内加水适量文火煎煮2小时,取液去渣用。

(6)发现有病后应立即停喂有质量问题的饲料,调换新鲜的优质饲料。

七、胃炎

1. 病原病因

病原是点状气单胞菌、大肠杆菌。如果长期在低温下喂食、温差过大、变质的食物、不洁的水质、不适合甲鱼的食物、不合理的饲养方法、滥用长期使用或大剂量使用抗生素、寄生虫和细菌感染等等都会引起胃炎。

2. 症状特征

患病甲鱼的腹部红肿,肠胃发炎充血是其主要症状。轻度患病甲鱼的粪便稀软、呈黄色、绿色或深绿色、有少量黏液,并夹杂着不完全消化的食物。患病严重的甲鱼的大便稀水样黏液状,呈酱色、血红色,并夹杂着不消化的食物,甲鱼拒食,反应迟钝,运动能力减弱,消瘦无力。

3. 流行特点

(1)5~10月为发病季节,夏季是主要流行季节。
(2)冬天温室养殖的甲鱼也易发生该病。

4. 危害情况

(1)该病主要危害幼甲鱼和商品甲鱼。
(2)严重影响甲鱼的生长发育。

5. 预防措施

（1）胃炎的治疗，着重对胃的消炎、胃黏膜的保护、止泻。

（2）高温季节，控制投饲量，不让甲鱼吃得过饱。

（3）保持水质清洁，不投喂腐败变质的饲料，投喂鲜活饲料要先进行消毒处理。

（4）甲鱼摄食完毕后，要清洗饲料台，保证养殖池与食台的卫生。

6. 治疗方法

（1）立即停食，让甲鱼的肠胃排空并进行自行调整。同时口服生物制剂（如乳酸菌素片），帮助甲鱼调整肠道菌群健全消化功能。

（2）注射药物可以选择庆大霉素注射液、乳酸环丙沙星注射液治疗，同时补充维生素 B。

（3）对轻度患病的甲鱼服用痢特灵、黄连素等药物。

（4）对已经患病的甲鱼，可在饵料中加入抗生素类药物，如土霉素、氯霉素、庆大霉素等。对于拉稀的甲鱼可投喂痢特灵、黄连素等。首次药量可大些，连续投喂一周左右即可痊愈。

（5）对病情严重、拒食的甲鱼可直接填喂药片，药量根据甲鱼的体重计算。

（6）用复方新诺明拌饵投喂，第一天每千克甲鱼用药0.2克，第2～6天减半。投药期间，适当减少投饲量，务必使甲鱼将药饵全部吃完。

(7)盐酸土霉素片拌饵投喂,每次每只甲鱼(250 克左右)用 0.25 克,每天 2 次,连喂 7 天为一个疗程。或按每千克甲鱼体重用氟哌酸 0.1 克,连喂 7 天,每天分早晚 2 次投喂。

(8)每只甲鱼(250 克以上)注射金霉素 10 万国际单位,或每千克体重注氯霉素或庆大霉素 4 万～5 万国际单位。

(9)将患病甲鱼在 0.1% 的高锰酸钾浸浴 0.5～1 小时。

八、白眼病

白眼病又称皮部发炎充血病、红眼病,是甲鱼的常见病。

1. 病原病因

因眼部受伤引起细菌的感染,由于放养过密、饲养管理不善、水质恶化尤其是碱性过高、尘埃等杂物入眼等诱因引起。

2. 症状特征

病甲鱼眼部发炎充血,眼睛肿大,眼角膜和鼻黏膜因炎症而糜烂,眼球外表被白色分泌物盖住。患病甲鱼常用前肢摩擦眼部,行动迟缓,不再摄食。严重时,眼睛失明。

3. 流行特点

(1)发病季节是春季、秋季和冬季,而以越冬后的甲鱼出温室一段时间(4~5 月)为流行盛期。

(2)通常发病率为 20%～30%,最高时可达 65%。

(3)上海、江苏、浙江、安徽、河南等地均发现有此病。

4. 危害情况

(1)该病主要危害稚、幼甲鱼,商品甲鱼患病则较少。

(2)轻则影响甲鱼的摄食,严重时病甲鱼眼睛失明,最后瘦弱而死。

5. 预防措施

(1)加强越冬前和越冬后的饲养管理。越冬前后喂给动物肝脏,加强营养,增强抗病力。

(2)使用的工具用 10%的食盐浸泡 30 分钟消毒,或用 10 毫克/升的漂白粉消毒;

(3)加强池塘消毒,每 5～7 天用 5 毫克/升的漂白粉遍洒一次。

(4)发病季节,每隔 15～20 天用 1.5 毫克/升的漂白粉遍洒一次。

6. 治疗方法

(1)二氧化氯或三氯异氰脲酸浸洗,稚甲鱼 20 毫克/升,幼甲鱼 30 毫克/升,水温 20℃ 以下时,40～50 分钟,

20℃以上时,30～40分钟,连续浸洗3～5天。

（2）注射链霉素20万单位/千克体重。

（3）用1％的呋喃西林或呋喃唑酮涂抹,每次涂抹病灶40～60秒,每天1次,连续8次;用利凡诺(又称雷佛耳)涂抹,使用浓度为1％,涂抹方法同前,每天1次,连续3～5次。

九、萎瘪病

1. 病原病因

营养不良是主要诱因。植物性饲料比例太大,而动物性饲料比例太小,造成稚、幼甲鱼营养失调所致。另外,养殖池中残饵、粪便和其他排泄物过多而使甲鱼中毒(尤其是慢性氨中毒),从而导致拒食,造成萎瘪现象。

2. 症状特征

初发病的甲鱼食欲减退、喜欢上岸不愿下水、停止摄食、成群堆集于池角、精神不振、反应呆滞、身体逐渐消瘦、最后衰竭死亡。

3. 流行特点

（1）在甲鱼的生长季节均能发生,主要发生在8～10月。

（2）稚甲鱼在加温高密度养殖条件下,极易发生此病。

（3）流行区域没有特定性,我国广大养殖区均有发生。

4. 危害情况

(1)主要危害温室养殖的甲鱼。

(2)对稚、幼甲鱼更有伤害性,是稚甲鱼、幼甲鱼阶段危害严重的疾病之一,造成稚、幼甲鱼的死亡率较高。

5. 预防措施

(1)加强管理,保持良好的水质,及时消除残饵和排泄物,经常更换池水,增强体质,提高甲鱼的抗病能力。

(2)注意饲料的营养价值,投喂适口饲料,使动物性食料占 70%～80%,植物性饲料占 20%～30%。

(3)每隔 15～20 天用 20～25 毫克/升的生石灰泼洒,防止水质恶化,以改良池水水质。

6. 治疗方法

(1)加温并维持水温在 25℃。

(2)全池泼洒二氧化氯,使最终浓度为 3 毫克/升,每天一次,连用三天。

(3)对发病个体,注射 2000 单位的庆大霉素,五天为一个疗程。

(4)立即用 10～20 毫克/升的呋喃西林的池水进行饲养。

(5)增加饲料中的动物性食料。如对患病稚、幼甲鱼,可增加一些加工成肉糜的螺、蚌,并添加 3%～5% 玉米油,5% 的血粉,2% 的酵母粉,以增加饲料的营养成分。

十、水肿病

1. 病因

水肿病是在缺氧水体中因用口腔呼吸而吸水过多造成的疾病。

2. 症状特征

患病甲鱼大多全身肿胀,严重的呈强直状,葡匐池边,活动迟钝或不动,拒食,最终在池边浅水处死亡。解剖可见内腔大量积水,往往因内脏器官变性而死。

3. 流行特点

(1)夏、秋季为其主要流行季节。

(2)主要流行温度是 24～28℃。

(3)多发生在室外水温和气温相同而天气又阴雨连绵,池水清澈见底的情况下。

(4)室内则是在增氧设施损坏后池水大量缺氧,甲鱼又无处爬栖的情况下发生。

4. 危害情况

(1)主要危害幼、商品甲鱼。

(2)发病率虽不高,但受感染的甲鱼死亡率可达 60％以上。

5. 预防措施

（1）用水泵抽取池水，循环喷水增氧。

（2）夏季经常向甲鱼养殖池中添加新水，投放生石灰（每 667 平方米每次用 10 千克），连续 3 次。

（3）多投喂鲜活饲料和新鲜植物性饵料。

（4）泼洒尿素与磷肥各一半，使池水浓度呈 10 毫克/升，进行肥水以培养浮游植物增氧。

6. 治疗方法

赶快捞出患病甲鱼，放到室内稍干的细沙上，并把室温逐步调到 25℃ 以上。增强患病甲鱼在沙中的活动能力，加快水的渗出和代谢。

十一、脂肪性肝炎

1. 病原病因

脂肪在空气中容易氧化酸败，产生毒性，如果长期过量投喂腐烂变质的饵料或者长期投喂高脂、高胆固醇及蛋白中缺乏蛋氨酸、胱氨酸的饲料，如干蚕蛹、鱼贝虾肉等，使甲鱼偏食，导致这类饵料中含有的变性脂肪酸在体内积累，造成代谢功能失调，肝肾功能障碍，逐渐诱发病变。此外，饲料中如长期缺乏某些维生素也是该病发生的原因之一。

2. 症状特征

患病甲鱼表现出体厚裙窄、四肢失调性肿胖的样子，患病甲鱼反应迟钝，行动无力。如是商品甲鱼患上该病后，会表现得前期生长快，后期生长速度陡然变慢，这是因为它们前期摄食欲望强盛而后期因病变导致没有摄食的缘故。如果是亲本甲鱼患上该病，它们的产卵数量会大大降低，同时产出的卵受精率也降低，严重的亲本甚至不产卵。

3. 流行特点

(1)此病几乎在我国所有的甲鱼养殖场中有不同程度的发生，特别是采用人工集约化养殖的企业。

(2)在甲鱼生长高峰期最易发生。

4. 危害情况

(1)该病主要发生在规格 200 克以上的养成阶段。

(2)脂肝病不但影响甲鱼的生长成活，即使养成商品规格，因其外形肥胖，销售时往往会被误解为打水而影响销售价格，从而影响养殖的经济效益。

(3)患上脂肪肝的甲鱼最后会因严重的代谢障碍而死亡。最严重的死亡率可达 20% 左右，是目前影响甲鱼养殖效益的疾病之一。

5. 预防措施

(1)动物性及植物性饲料要搭配投喂,保持供给新鲜饵料。全价配合饲料要在保存期内喂完,不要投喂高脂肪、腐烂变质、贮存过久或超脂超蛋白标准的饲料。

(2)用中草药投喂预防。中草药的配方为茶叶 20％、蒲黄 20％、荷叶 25％、山楂 20％、红枣 15％,将它们配合好并搅拌均匀,然后打成细粉备用。药粉添加前要求在温水中浸泡 2 小时后,再连药带水一起拌入饲料中。以当日干饲料量 1.5％～2％的比例,添加到饲料中投喂甲鱼,每月坚持投喂 10 天,可以达到预防脂肪肝的效果。

(3）向配合饲料中加入 15％的鲜鱼、鲜动物肝脏和新鲜的菜汁,可减少饲料性疾病的发生率。

(4）饲料中加一定量的维生素 E。

(5）作长期养殖使用的亲本甲鱼,以喂天然的鱼、螺、蚌、动物内脏和新鲜蔬菜为主。投喂饲料应少量多次,以防饲料在饲料台上风吹日晒或水浸而变性。

6. 治疗方法

(1)马上停喂植物油以及高脂类饲料,用饥饿法停食 3 天。病甲鱼隔离并降低密度实行稀养,提高环境温度至 30～31℃,以增加其活动加快体内脂肪代谢,3 天后开始投喂些低脂肪的鲜活动物性饲料和果菜汁为主的配合饲料。饲料中添加维生素 E 硒粉,同时用以下中药方以当日干饲料量 1.5％的比例,煎汁后连渣和汁一起拌入到饲料中投喂甲鱼,连续投喂 7 天为 1 个疗程,一般需 3 个疗程,疗程之间相隔 6 天。虎仗 20%、茵阵 20%、黄芩 15%、刺五加 15%、陆英 10%、白芨 10%、猪苓 10%。

(2)也可用以下中草药投喂治疗。配方:绞股蓝 15%、三七 15%、虎杖 20%、茵陈 20%、泽泻 15%、白术 15%,将它们配合好并搅拌均匀,然后打成细粉备用。药粉添加前要求在温水中浸泡 2 小时后,再连药带水一起拌入饲料中。以当日干饲料量 1.5%～2% 的比例,添加到饲料中投喂甲鱼,1 个疗程 7 天,一般需 3 个疗程,疗程之间相隔 6 天。

十二、药源性肝炎

1. 病原病因

简单地说,就是在用药时,造成药物对甲鱼肝脏的损害而导致的肝炎,因为肝脏是药物进入甲鱼体内后主要的代谢、解毒场所。造成甲鱼发生药源性肝炎的主要原因主要有三个:一是长期在饲料中添加化学药品进行主动防病而造成的肝脏损伤,这在甲鱼养殖场里也是常见的,它们有时为了达到预防某种疾病,而提前在饲料里添加了一些药物;二是由于甲鱼生病了,我们在治疗甲鱼的时候,应用了对肝有损害的药物。一般最易引起药源性肝炎的常见西药有四环素、磺胺类、红霉素、苯唑青霉素、氯霉素、呋喃类及雌雄激素等,中药有黄药子、苍耳子、草乌、五倍子等;三是用药不当导致肝损伤,例如在甲鱼的幼苗阶段,使用了内服中草药的方法,就有可能导致甲芋患上该病。

　　这些药物在甲鱼对肝脏造成了严重的影响,主要表现在三个方面:一是药物对肝脏直接具有毒性作用,从而出现甲鱼有药物过敏反应,有时会出现四肢有轻微的抽搐现象;二是药物在肝脏里的解毒、代谢过程中,对胆红素的代谢形成了影响。三是药物进入甲鱼肝脏后,引起了甲鱼内脏器官的溶血,还有一部分药物会长期蓄积在肝脏里而造成肝脏慢性中毒。有时某一种药物就会对甲鱼的肝脏造成损伤,有时使用两种或两种以上药物时,会出现相加作用,从而使毒性增强导致肝病的发生。

2. 症状特征

　　发病甲鱼大多突然停食,行动失常,先是在池中水面转圈,也有的是沿着养殖池四周拼命爬动,有的呈严重的神经症状,它们的四肢在慢慢地抽搐,不久后死亡。

3. 流行特点

　　(1)此病几乎在我国所有的甲鱼养殖场中有不同程度的发生,特别是采用人工集约化养殖的企业。
　　(2)在甲鱼生长高峰期最易发生。

4. 危害情况

　　(1)主要发生在规格 100~300 克的养成阶段。
　　(2)轻则引起甲鱼的生长速度减慢,重则引起甲鱼的死亡。

5. 预防措施

甲鱼的肝炎病重在防,因一般当病情发展到停食后,就很难治疗和治愈,预防措施可以采用以下几条。

(1)规范用药,减少药物进入甲鱼体内的机会。一是做个有责任心的甲鱼养殖者,掌握符合有关标准规定的用药准则;二是不乱用药,决不用已禁止使用的化学药品和抗生素内服防病;三是不长期用药,不能长期每日添加某种化学药、抗生素和中草药防病。

(2)饲喂不含抗生素和激素的饲料。养殖场家不提倡用抗生素作防疫药,更不能向饲料中盲目加一些自认为有益的药物。

(3)平时应加强饲养管理,在饲料中应不定期添加些无公害的新鲜鱼、肉、蛋及新鲜瓜果菜草,添加比例为当日干饲料量的 10%~20%,添加前须打成浆或汁后再拌入饲料中投喂。

6. 治疗方法

(1)立即停喂添加了有害于肝脏或其他机体组织药物的饲料,杜绝药物的来源。

(2)解毒及时,发现症状后先用葡萄糖粉以当日干饲料量的 3%和维生素 C 0.3%的比例,添加饲料中,搅拌均匀后投喂甲鱼,连续喂 5 天,以尽快解毒。

(3)按每 100 千克饲料加入鱼病康 400 克+三黄粉 50克+芳草多维生素 C 100 克或芳草维生素 C 100 克内服,

每日 2 次,连投 5～7 天。

(4)用中草药治疗,配方为甘草 20％、五味子 15％、垂盆草 20％、生地黄 25％、金银花 20％合剂,以当日干饲料量 3％的比例,煎汁后连渣和汁一起拌入到饲料中投喂甲鱼,连续投喂 6 天为 1 个疗程。

十三、病原生物感染性肝炎

1. 病原病因

造成甲鱼发生肝炎的主要原因就是一些病原微生物的侵袭感染所致。这些病原微生物有时是感染甲鱼其他部位引发疾病,从而对甲鱼的肝脏造成影响,如一般由气单胞菌、假单胞菌、温和气单胞菌、嗜水气单胞菌、斑点气单胞菌、爱德华氏菌及弹状病毒、呼肠弧病毒等病原微生物感染所致的甲鱼红底板病、白底板病、穿孔病、鳃腺炎和甲鱼的腐皮病、鳃状组织坏死症等都会直接或间接并发肝炎,这种情况主要发生人工养殖场里。

还有的就是直接感染肝脏正常机能而引发的肝病,有一些寄生虫如肝丝虫,它们会直接侵袭到肝脏里而导致肝脏损伤,这种情况主要发生在野外,在人工温室养殖时比较少见。

2. 症状特征

发病甲鱼在病原微生物感染后会呈现出各自特有的病状体症外,还有一些共性,就是患病甲鱼背甲失去光泽,四肢基部柔软无弹性,大多行动迟缓,吃食减少或停食。病情严重的甲鱼体表浮肿或极度消瘦,浮肿的甲鱼身体隆起较高。患上该病的甲鱼体质不易恢复,逐渐转变为慢性病,最后停食,并发生消化道出血,甚至可发生大出血而死亡。

3. 流行特点

(1)此病几乎在所有的甲鱼养殖场中都有发生。

(2)与环境温度有一定关系。

(3)直接与病原体的活性密切相关。

4. 危害情况

(1)发生在所有甲鱼的各个养成阶段。

(2)轻则引起甲鱼的生长速度减慢,重则引起甲鱼的死亡,死亡率5%左右。

5. 预防措施

(1)搞好养殖环境,定期用低毒高效的消毒药泼洒消毒,坚持用生石灰消毒,以减少病原微生物的数量。

(2)按每100千克饲料加入鱼肝宝100克＋三黄粉25克＋芳草多维50克或芳草维生素C 50克内服,每日2次,连投3天。

(3)饲料中适量加添维生素B、维生素C、维生素E,可预防此病。

(4)人工配合饲料与鲜活饲料配合使用,发病率降低。

(5)饲料中定期添加中草药预防。配方:黄芩20%、蒲公英15%、甘草15%、猪苓20%、黄芪15%、丹参15%,将它们配合好并搅拌均匀,然后打成细粉备用。药粉添加前要求在温水中浸泡2小时后再连药带水一起拌入饲料中。以当日干饲料量1.5%的比例,添加到饲料中投喂甲鱼,每月投喂10天。

6. 治疗方法

(1)患病甲鱼及时隔离到环境较好的池中单养。

(2)投喂质量好的配合饲料,治疗期间在饲料中添加维生素C 0.5%、复合维生素B 0.3%、氯化胆碱0.2%、维生素E硒0.2%。

(3)如是体表感染的疾病(如穿孔、烂甲、腐皮等)应结合外泼中、西药治疗。

(4)内服中草药治疗,配方为黄芩20%、垂盆草10%、田基黄20%、甘草10%、柴胡20%、猪苓20%,合剂并以当日干饲料量2%的比例煎汁,煎汁后连渣和汁一起拌入到饲料中投喂甲鱼,连续投喂6天为1个疗程,一般为3个疗程,疗程间应隔7天。

十四、水霉病

又称肤霉病、白毛病。

1. 病原病因

病原为水霉菌和绵霉菌等多种真菌。据研究,水霉和绵菌都是腐生寄生物,专寄生在伤口和尸体上。

2. 症状特征

患病甲鱼肢体上附着灰白色棉絮状水霉菌丝,食欲减退,消瘦无力,严重时病灶部位密生向体外生长的菌丝,似灰白色"棉毛状",故俗称"白毛病"。

3. 流行特点

在较低水温时(10～18℃)极易发生,当温度升高到26℃时,就会慢慢痊愈。

4. 危害情况

(1)患病甲鱼会因体质瘦弱而死亡。

(2)对患病的幼甲鱼和稚甲鱼的危害最大,能引起它们大批死亡。

5. 预防措施

(1)操作要细心,避免甲鱼体表损伤。

(2)注意水质污染,一旦水质受到污染后,水体里的一些病菌和寄生虫就会腐蚀或吸附在甲鱼的皮肤上,这就给霉菌有机可乘了。

(3)2～3毫克/升五倍子煮汁泼洒可预防此病。

6. 治疗方法

(1)用4‰的食盐水加4毫克/升的苏打水混合溶液对

溶器和患病甲鱼消毒。

(2)也可用3‰～5‰食盐水浸泡1～2小时,每日1次,病愈为止。

(3)用40～50克/立方米的甲醛或0.05‰食盐苏打水混合溶液,对池塘或甲鱼消毒。每亩每米水深用烟叶400克或香烟4～7盒,全池泼洒,获取汁浸泡病甲鱼15分钟。

(4)每立方水体用硫醚沙星0.2～0.3克全池泼洒,每天一次,连用二天。

十五、脖颈溃疡病

又叫烂颈病、烂脖子病。

1. 病原病因

由病毒及水霉菌感染导致的疾病。由于养殖水环境的恶化引起,如水体太浓,水体中氨氮、亚硝酸盐、硫化氢等有害物质偏高等,甲鱼在这种水环境下易烦躁,互相撕咬,甲鱼颈部被咬伤,伤口被细菌感染,形成烂颈。另外,如果水体透明度太大或养殖密度过高也会引起甲鱼互相撕咬,造成烂颈。

2. 症状特征

甲鱼的脖颈水肿溃烂,生有水霉菌。病甲鱼食欲减少,稚甲鱼患病后更是不吃不喝,脖子不能伸缩,行动困难,如不及时治疗,几天就可死亡。

3. 流行特点

该病流行很广,在温室里养殖则无季节性流行,一年四季均可发生。

4. 危害情况

自稚甲鱼到商品甲鱼各种规格均可患此病,稚甲鱼特别易受感染。

5. 预防措施

(1)注意环境清洁,不能有水霉菌感染。

(2)一旦发现病甲鱼,立即隔离。

(3)要注意调控好水质,定期排污、消毒养殖水体。建议使用一些生物制剂产品,如光合细菌、芽孢杆菌、EM菌等,对保持良好的水环境能起到积极的作用

(4)可以在养殖池中设置网巢,增加生态位,使甲鱼有栖息和隐蔽的地方,放养密度要适当减小,严禁使用添加激素的饲料产品。

6. 治疗方法

(1)用5%的食盐水浸洗1小时,再用紫药水涂于患处,连续治疗3~4天,效果较好。

(2)用0.05%的亚甲基蓝溶液浸洗10分钟左右。

(3)用土霉素、金霉素等抗生素药膏涂于患处。

(4)用5%的食盐水溶液浸洗病甲鱼1小时,可防治颈

溃疡病。

(5)外泼碘类的消毒剂产品,如聚维酮碘等,每次用量为5克/立方水,隔天使用1次,连续使用2~3天。碘类消毒剂刺激性小,使用安全,且能起到收敛伤口的作用。

十六、腐皮病

腐皮病又叫溃烂病、溃疡病、皮肤溃烂病、烂爪病。

1. 病原病因

由嗜水气单胞菌感染引起,大多是由于甲鱼相互嘶咬与地面摩擦受伤后细菌感染所致。另外养殖密度过高、不及时分养造成规格不齐、或分养方法不当造成体表严重损伤、水质水温不稳定和饲料质量差等都能诱发腐皮病。

2. 症状特征

四肢、颈部、背壳、裙片、尾部及甲壳边缘部的皮肤发生糜烂是该病的主要特征,一般吃食正常。皮肤组织变白或变黄,患部不久坏死,产生溃疡,进一步发展时,颈部的肌肉及骨骼露出、背甲粗糙或呈斑块状溃烂,皮层大片脱落,病情严重者,反应迟钝,活动微弱,吃食减少或不摄食,一般患病甲鱼会在停食后的2~3天死亡。

3. 流行特点

(1)各种规格的甲鱼都会出现此症,500克左右的甲鱼更易患腐皮病。

(2)流行季节是 5～9 月,7～8 月是发病高峰季节。

4. 危害情况

(1)发病率高,持续期长,危害严重,死亡率不太高,可达 20%～30%。

(2)影响生长,即便养大也影响销售价格。

5. 预防措施

(1)放养甲鱼时,要挑选平板肉肥,体健灵活,无病无伤,规格大小均匀的甲鱼,且雌雄搭配要合理。

(2)入池前或在分养时进行严格的甲鱼消毒,用 1 毫克/升戊二醛或菌必清药浴 10～15 分钟。

(3)温室养殖的甲鱼,在整个养殖期间,要及时分养,既可避免因密度过高或规格不齐而诱发腐皮病,又能使甲鱼在合理的密度和相同规格的环境中同步生长,避免大小不均匀相互撕咬。

(4)注意水质清洁,坚持每周用 2～3 毫克/升的漂白粉全池泼洒。

(5)放养前用 0.003% 的氟哌酸对甲鱼进行浸洗,水温为 20℃ 以下时,浸洗 40～50 分钟,20℃ 以上时,浸洗 30～40 分钟,既可预防又可进行早期治疗。

(6)每 1～2 周按每 200 千克饲料中加入鱼肝宝套餐或鱼病康套餐一个＋三黄粉 25 克＋芳草多维 50 克或芳草维生素 C 50 克,连用 3 天左右。

(7)创造良好的水生环境,切忌水温突然起落,应注意室温和水温的相对稳定。

（8）投喂优质饲料和添加防病中草药,如蒲公英、地锦草、甘草、马齿苋等。

6. 治疗方法

（1）发现病甲鱼应及时隔离治疗,密度小于 1 只/平方米。用 0.001% 的碘胺类药或链霉素浸洗病甲鱼 48 小时,反复多次可痊愈,治愈率可达 95%。

（2）用土霉素和四环素,每千克体重 0.05 毫克,药饵治疗,或用上述药 0.004% 药浴 48～72 小时均有效。

（3）按每 100 千克饲料中加入鳖虾平 500 克＋三黄粉 25 克＋芳草多维 50 克或芳草维生素 C 50 克内服。

（4）可用中药五倍子、黄柏、三七、牡丹皮、黄芩各 20% 合剂,以每立方米水 20 克煎汁,连渣带液一起全池均匀泼洒,连泼 3 天。

（5）内服穿心莲、半枝莲、半边莲、甘草、鱼腥草各 20% 合剂,以当日干饲料量 1.5% 的比例,煎汁后拌入饲料中投喂甲鱼,连喂 7 天。

十七、氨中毒

1. 病原病因

池塘水质恶化,产生氨氮、硫化氢等大量有毒气体,尤其是氨含量浓度达 100 毫克/升以上,由于氨浓度太高,会引起甲鱼氨中毒。产生大量有毒气体的原因主要有以下几点：

首先是甲鱼养殖密度过大，也是温室中发生氨中毒的重要因素，这些高密度的放养量一方面破坏了水体的微生态平衡，另一方面大量的排泄物又污染了水体。

其次是温室里的水温长期处于高温状态，甲鱼摄食量增加，投饲量也加大，而且饲料蛋白质含量高，残饵和甲鱼的排泄物分解后，产生氨氮、硫化氢等有毒物质，这些物质在水中大量积累，并沉积在池底，导致底层氨氮严重超标。

再次就是在饲养过程中，投喂饲料不新鲜，不卫生，常用腐烂变质的野杂鱼进行投喂，这些饲料如果溶失于水中，就会分解产生氨氮等有毒物质，随着气温的升高，加速了饲料和粪便的分解，从而导致氨氮超标。

2. 症状特征

四肢腹甲部出血、溃疡、浆泡，随着病情的发展，甲壳边缘长满疙瘩，并逐渐溃烂。特别是在稚、幼甲鱼阶段，以致引起腹甲柔软发红、身体萎瘪，肋骨外凸，背甲边缘逐渐往上卷缩。稚、幼甲鱼一旦患此病较难恢复，陆续死亡。

3. 流行特点

在控温养殖池常有此病发生。

4. 危害情况

(1)全国各地的温室养殖中均有发生。

(2)死亡率较高。

5. 预防措施

(1)在甲鱼苗种放养前,彻底清除温室里的池塘中过多的淤泥,保留 15～20 厘米厚的塘泥。

(2)采取相应措施进行生物净化,消除养殖隐患。

(3)池中栽植水花生、聚草、风眼莲等有净化水质作用的水生植物,同时在进水沟渠也要种上有净化能力的水生植物。

(4)降低甲鱼投放密度,减少甲鱼粪便对水体的污染。

6. 治疗方法

(1)可用各地市售的解毒剂进行全池泼洒来解毒,同时拌料内服大蒜素和解毒药品,每天 2 次,连喂 3 天。

(2)发病时,将池水全部排干,再冲换新水,降低水体的氨氮浓度,并加入生石灰 20 毫克/升,将池水 pH 值调至7.5～8.5。

十八、冬眠死亡症

又叫越冬期死亡症。

1. 病原病因

(1)营养不良。后期出壳(8 月下旬或更晚)的稚甲鱼,经过短暂的摄食阶段,体内尚未积累充分的营养,就要进入漫长的越冬期,其体质、抗病和抗寒能力均十分弱,仓促越冬极有可能造成大量死亡。

(2)雌甲鱼产后虚弱。体内营养未能得到充分的补充,雌甲鱼在 8、9 月产下最后一批卵后,体质已极度疲劳和虚弱,接踵而来的气温下降,使雌甲鱼的摄食能力逐渐下降,如果再加上饲料营养不全面,雌甲鱼体质尚未得到完全的恢复就进入冬眠,容易得病死亡。

(3)越冬前或冬眠期甲鱼体表受伤或受冻。这类甲鱼大多在冬眠期内就会死亡,开春后尸体漂浮在水面或者腐烂于池底,污染水质。即使有幸不死者,也会在冬眠苏醒后短期内死亡。

(4)水质败坏。甲鱼在越冬期间换水次数和换水量都大大减少,池中有害物质(硫化氢、氨氮、甲烷等)积累过多,远远超过了甲鱼体表的承受能力,从而发生中毒反应,导致死亡。

(5)冬季长期偏冷,加上甲鱼的体质较弱,导致甲鱼在越冬期间或越冬后死亡。

2. 症状特征

越冬死亡症像饲料性疾病一样,是个很复杂的疾病。诱因不同,所表现的症状也不相同。有死亡后上浮的、沉底的、死泥沙中的,有爬上岸死的。但是主要的症状比较落后相似,就是患病甲鱼瘦弱、四肢疲弱无力、肌肉干瘪。用手拿甲鱼,感觉甲鱼轻漂漂的,没有与它相对应的体重。

3. 流行特点

几乎所有越冬的甲鱼都有可能感染,特别是甲鱼亲本的越冬其冬眠死亡症表现更为突出。

4. 危害情况

一般死亡率在 10％左右,高者达 30％。甲鱼亲本冬眠死亡症多为雌性个体。

5. 预防措施

(1)越冬前的秋季适温期进行强化培育。尽量多投喂动物性饵料,尤其要加喂动物肝脏、营养物质和抗生素类药物,如多种维生素粉、维生素 E 粉、土霉素粉,补充营养。使用人工配合饲料,添加甲鱼多维以增强甲鱼的体质。越冬前水温 30℃左右时进行强化投饲。因为这段时间饲料利用率仍比较高,每天投喂 2 次,上、下午各一次。

(2)秋后气温开始下降时进行一段时间的保温养殖,延长甲鱼的生长期。9 月底 10 月初,水温下降到 25℃以下,应采取适当措施予以加温到 30℃,保温养殖一个月,使甲鱼(特别是刚孵出不久的稚甲鱼和产卵后的雌甲鱼)能够积累营养供冬眠消耗,避免体重下降过多。

(3)越冬期绝对禁止骚扰、捕捉、运输等操作。在低温的情况下,以上操作不仅会造成擦伤、冻伤。更重要的是由于温度过低,经过处理的甲鱼无法再潜入泥中,进而造成严重伤亡。

(4)对甲鱼亲本可搭建塑料大棚保温,越冬池水温保持在 20℃左右,延长甲鱼亲本的吃食时间,增加肥满度。

(5)对体弱的甲鱼,一定要单独饲养,并适当加温至

22℃左右,就是让甲鱼不越冬,也保证对甲鱼进行正常的投喂饵料。

(6)水温持续高于 12℃ 时,应提早结束越冬,尽早进食。

6. 治疗方法

(1)目前没有很好的治疗方法,主要是提前预防。

(2)对于冬天上浮甲鱼亲本每千克注射 25% 的葡萄糖 5 毫升和维生素 C 3 毫升,每天一次,可救治部分亲本。

(3)发现疾病,及时治疗放温室饲养。

十九、甲鱼畸形症

1. 病原病因

目前对此病发生的病原病因还没有确切的结论,致病的原因可能是以下几个方面:一是水质恶化造成的,水质恶化时导致水体中就会产生一些有害的气体和有害物质,这些有害物质就可能导致甲鱼发生畸形;二是由于水中含有重金属盐类刺激,干扰甲鱼的正常发育而导致甲鱼的畸形;三是由于饲料中某种营养物质或微量元素的缺乏,使正常的生长发育受阻而产生畸形,例如饲料中缺乏维生素D 和钙质,就有可能导致甲鱼出现骨骼弯曲、肢体变形等畸形;四是有的甲鱼亲本打破冬眠后,它的内分泌系统紊乱,结果产出了畸形卵;五是甲鱼亲本和稚幼甲鱼食用含有激素的饲料后,造成畸形发育;六是甲鱼卵孵化温度、湿度没有控制好,特别是在高温孵化时易造成畸形,因此孵化温度应控制在 30～32℃;七是滥用抗生素也是导致畸形的因素之一。

2. 症状特征

在甲鱼的养殖过程中,会出现各种各样的严重变形的畸形甲鱼。有的病甲鱼背中某一部分显著隆起,长与高的比例失调,这就是驼背甲鱼;有的四肢异位,不对称或大小不一,这就是殖肢甲鱼;有的尾部呈现异常变化,已经没有了,这就是无尾甲鱼。

3. 流行特点

(1)该病没有明显的季节性,一年四季均有可能发生。
(2)一般在新建的养甲鱼场和新开的甲鱼池常有发生。
(3)有受工业污染的天然水域也较常见。

4. 危害情况

患病甲鱼除行动迟缓不方便外,仍能正常摄食与活动,不会导致死亡,但患病甲鱼的商品价值大大降低,直接影响售价。

5. 预防措施

(1)甲鱼喜欢栖息于池底泥沙中,如果新开的甲鱼池含有重金属较多,浓度较大,就会被甲鱼吸收而导致畸形。

因此对新开池最好转入一部分老池淤泥,保持甲鱼良好的生态环境。

(2)另一方面,新开的甲鱼池最好先养商品甲鱼,1~2年后再养幼甲鱼。

(3)选择健康优良的苗种进行养殖,尽量不用规格较小、体质较差的甲鱼苗种。

6. 治疗方法

(1)甲鱼的饲料应要以动物性饲料为主,在使用配合饲料养甲鱼时,要求营养全面,而且多添加一些钙、磷等微量元素。

(2)调节好养殖的水生环境,定期泼洒生石灰,使养殖水体的 pH 保持在 7~8,也可科学使用光合细菌、EM 菌等生化产品。

二十、生殖器外露症

1. 病因

雄性甲鱼生殖器脱出症发生的原因是多方面的。

(1)水质恶化:工厂化养甲鱼到次年 2~3 月,体重长到 100~200 克时,吃食旺,排泄多,加上空气交换不畅,水体自身调节能力差,水体极易恶化,氨氮含量往往超标,有害病源菌侵袭引起炎症。

(2)养殖环境持续高温:养殖环境持续高温也易引发此病,因甲鱼是变温动物,在持续高温(通常超过 32℃)的水环境中,加速了甲鱼的性腺发育,它们会持续快速生长而产生性早熟性兴奋,如近年来在温室里养的泰国鳖不到400克就开始交配产卵。另外在高温条件下,甲鱼的运动量过大,体质较弱,生殖器外露后无力及时缩回,加上甲鱼性好斗,常常会被咬伤,引发疾病。

(3)病原菌感染:病原菌感染后甲鱼出现全身症状后也易并发此病,如甲鱼的赤、白板病就有这种症状,此外养殖密度过高,水质败坏也易引发此病。

(4)饲料质量差:工厂化养甲鱼使用的都是配合饲料,有少数饲料还含有过量的激素和盐度,都会引起早熟,或者营养平衡失高调,某些营养的缺乏,导致生理功能失调,体质下降,引起疾病。例如鱼粉中盐的比例超标,就易引发此病,因在食品中过多的钠离子能刺激肌神经兴奋,当然也包括性肌神经。此外较差的鱼粉中过多的鱼内脏(包括性腺)和头部(内有鱼垂体)也易引发此病,因这鱼粉的有些成分能促进甲鱼的生理早熟,此外如在饲料中添加一些激素类的物质就更会引发此病。

2. 症状特征

正常甲鱼的雄性生殖器除成熟交配时与雌性泄殖孔交接外,平时是不露出体外的,但在人工养殖过程中有相当比例已性成熟的雄性甲鱼,出现异常,雄性外生殖器从泄殖孔伸出体外后不能及时缩回,伸出体外2～5厘米。雄性甲鱼生殖器刚脱出时肛门口周围水肿,内侧略带红肿,呈血红色,绵软,刺激能缩回。当充血的阴茎脱出体外后很快感染细菌病引发全身症状,泄殖腔和生殖器红肿发炎,继而组织坏死,呈乳白色或黑色,雄性生殖器外露不能缩回。下垂严重者,食欲减退,3~5 天即会死亡。

3. 流行特点

(1)在工厂化温室的养殖过程中尤为突出,发病率在20%~30%。

(2)在温室内养殖到 100~200 克时最为常见。

(3)该病主要发生于 9 月至次年 5 月的温室养殖中,我国各甲鱼养殖区均有此病。

4. 危害情况

生殖器外露时间过长,有的就会被健康甲鱼咬伤或咬掉,有的被异物擦伤,有的则开始腐烂变黑。大多病甲鱼发现后还没等治疗就已死亡,大大影响养殖成活率。

5. 预防措施

(1)调整饲料结构:投喂不含人工激素的配合饲料,多喂新鲜动物性饲料,同时在原来的饲料中配合 20%左右的无公害鲜活饲料。

(2)选用正规且技术力量雄厚的厂家生产的饲料,可预先让厂家在配合饲料中定期添加适量复合维生素,弥补配合饲料本身或因加工破坏引起维生素不足。

(3)控制适宜的室内温度:适当降低过高的水温,降低至 29~30℃,一般不超过 31℃为宜,并保持稳定。

（4）合理分养：及时分养合理调整养殖密度。

（5）定期投喂中草药预防：减少由病原菌感染引发此病。

（6）加强水质的管理：要注意池水水质，充分曝气，使水体中有机迅速分解，加速有害物质与空气的交换，为甲鱼的生长创造良好的条件。

6. 治疗方法

（1）发现病甲鱼赶快捞出，养到清水中，再用结扎法进行切除手术治疗，方法是：用医用缝合线将位于泄殖腔孔处的阴茎扎紧，再用手术刀切除扎线以外部分，用医用酒精或碘酒消毒伤口，然后松开扎紧的线，阴茎剩余部分会因碘酒的刺激缩回体内。手术后的甲鱼离水静养，在饲料中添加抗生素类药物，或肌内注射硫酸链霉素 15 万单位，另一肢基部注射维生素 C 1 毫升，以防细菌感染。

（2）适宜换水，并用 2～3 克/立方米漂白粉泼洒，前 5 天投喂的饲料中应添加多种维生素和氟苯尼考，用量为 20～50 毫克/千克体重，拌料投喂，连用 3 天，一般几天后就可恢复。

二十一、鳃状组织坏死症

甲鱼鳃状组织坏死症俗称甲鱼鳃腺炎，由于甲鱼的主要呼吸器官是肺，当它们在越冬时，就会全身躲藏在水中，这时肺就不会发生作用，鳃状组织取而代之成为甲鱼在特定环境中的主要呼吸器官。因此，如果这时甲鱼的鳃发生病变,甲鱼就无法正常呼吸,进行正常的气体交换,很容易造成死亡。

1. 病原病因

甲鱼鳃状组织坏死症的原因很多,经过分析,认为主要有以下几种诱因。一是水环境恶化导致该病的发生,尤其是水体中水华发生,水体变得黏稠、混浊,直接导致甲鱼的鳃无法正常工作而死亡。二是甲鱼的养殖密度过高,特别是在土池中养殖的甲鱼,随着气温的逐渐升高,甲鱼的活动能力增强,搅动水底泥土泛起,给土底池塘水体恶化增加了因素。三是病原传播,主要是从外地运来的苗种没有经过严格的检疫检验和消毒,就将病原带入养殖场也是发生该病的因素。

2. 症状特征

患病甲鱼体表体色没有异常,只是急躁不安,在水面直立拍水行走,俗称"跳芭蕾",患病严重时,有的就会趴在食台或池堤边死亡,还有一部分会在死后沉入池底,经几天的浸泡发胀后再浮到水面。

3. 流行特点

(1)从目前报道来看,流行地区主要集中在我国的华东和华南地区。

(2)流行季节受温度影响,水温 15℃ 左右易发生,华南地区多发生在 3~6 月与 11~12 月,华东地区则多发生在

4～6 月和 10～11 月。

4. 危害情况

（1）一旦病情蔓延就很难治疗，死亡率多在 65% 左右。

（2）近年来该病的流行呈上升趋势，是目前继甲鱼红底板病、白底板病后的又一难治的疾病。

5. 预防措施

（1）种好水草：在养殖池里种植水草有很多的好处，提供溶解氧、为甲鱼尤其是幼甲鱼提供躲藏场所、养护水质等就是它们最好的功能之一，因此在养甲鱼的室外池塘种好水草是防病的有效措施之一，水草一般以水葫芦、水浮莲和水花生为好，并把草种养在池边离岸 1 米处较好。

（2）定期泼洒生石灰：由于甲鱼吃得多、拉得多，大量的排泄量导致甲鱼养殖水体大多呈酸性，一般 pH 都会在 6 左右，而这对喜欢 pH 在 7～8 微碱性水体生活的甲鱼来说很不合适，所以要求每半个月泼洒生石灰 1 次，用量为每立方米水体泼洒 50 克生石灰，将生石灰化水后趁热全池均匀泼洒，一是可以调节池水 pH，二是可以杀灭池塘中的病原菌。

（3）适当换水：在有换水条件的地方还应适当换水，通过水流的作用能换掉池塘中的一些有害物质，使水质保持活、爽。

（4）制定科学的养殖计划：合理放养密度，减少高密度对甲鱼的影响，一般土池塘养殖密度以 1 平方米不超过 1

只为好。

(5)科学投饵:过量投饵是造成水体败坏的原因之一,也是导致该病发生的主要原因之一,这是因为一些养殖场的投饵没有计划性或者是没有科学投饵,饵料溶失在水体比较多,造成大量饲料腐败变质污染水体,从而生病。所以要控制饲料的投喂量,并掌握科学的"四定""四看"投饵技术,一般商品甲鱼阶段应控制在体重的 3%左右,并根据前一天当餐的吃食情况灵活调整。

6. 治疗方法

(1)泼洒消毒:当养殖池塘发生该病时,要立即泼洒浓度为 20 毫克/升的二氧化氯,连泼 3 天,6 天后再次泼洒,来控制病原。

(2)内服治疗:内服药物中西药相结合,也主要应用在投饵率不低于 0.5%的甲鱼池。用头孢拉定和庆大霉素各50%以日投干料的 1%添加,共喂 5 天。用中药,配方为甘草 10%、三七 10%、黄芩 20%、柴胡 20%、鱼腥草 25%、三叶青 15%,从发病日开始每天给土池投喂,用量为当日干饲料量的 2%,共喂 15 天。

(3)治疗期间应及时捞出死亡的甲鱼并应深埋处理。

二十二、甲鱼水蛭病

1. 病原病因

鳖穆蛭、扬子鳃蛭和拟蝠蛭等水蛭寄生而引起。在甲鱼养殖池中,最常见的原虫性寄生虫主要是水蛭,也就是我们俗称的蚂蟥。蚂蟥是环节动物门蛭纲的一种动物,全身软绵绵、黏乎乎的,有前后两个吸盘。当它在水中或近水边的陆地上活动时,遇到了甲鱼,就会用头部钻入甲鱼裙边等有软组织的地方吸血。在甲鱼和螺蚌混养时,尤其是河蚌的瓣壳内往往会寄生大量的蚂蟥,这是导致甲鱼水蛭病的最主要诱因。

2. 症状特征

水蛭用后吸盘吸附在甲鱼的体表吸取血液,在体后、裙边、四肢腋下寄生最多,少者几条,多者数十条,呈零星状或群体纵状分布。当虫体被强行拉下时,可见甲鱼的寄生部位有严重的出血现象。甲鱼被水蛭寄生后,身体无力,四肢和颈部收缩无力,伤口长期流血,导致甲鱼体表消瘦,生长缓慢,腹部苍白,呈贫血而影响生长,严重的会导致死亡。

3. 流行特点

(1)在我国大部分甲鱼养殖区都有水蛭寄生。

(2)几乎甲鱼的所有生长期都可能被感染。

(3)在野外池塘养殖时,主要是夏季发病,加温条件下没有季节性。

(4)野生甲鱼患水蛭病的比例大

4. 危害情况

(1)一般少量寄生时,不会引起直接死亡,大多数是寄生部分并发其他疾病而死。如果一只甲鱼寄生过多的水蛭时,就会引起甲鱼死亡。

(2)即使甲鱼不死亡,也会影响甲鱼的正常生长发育。

(3)水蛭寄生可为病毒、细菌和真菌入侵甲鱼机体打开皮肤防护屏障,导致并发性甲鱼病的发生。

5. 预防措施

(1)取若干个丝瓜络或草把串在一起,浸泡动物血约十分钟,在阴凉的地方自然凉干后,再放入水中进行诱捕,每隔 2～3 小时取出丝瓜络或草把串一次,抖出钻在里面的水蛭,拣大留小,反复多次,可将养殖池中的水蛭基本捕尽。

(2)用生石灰带水清池,特别是已经发现有水蛭病流行的地区,更要注意消毒清塘。以水深 1 米计每亩水面施生石灰 300 千克,溶水后趁热全池泼洒。

6. 治疗方法

(1)主要是根据蛭类在碱性环境中不易生存的生理特点,泼洒 40～50 毫克/升的生石灰,1～2 次可治愈。

(2)采用 2.5% 盐水浸浴鱼体 0.5～1 小时。

(3)用浓度为 0.5 毫克/升二氯化铜浸浴鱼体 15 分钟。

(4)用氨水 10％的浓度浸洗 20 分钟水蛭脱落而死。

(5)泼洒 1 毫克/升的 90％的晶体敌百虫有一定效果。

(6)硫酸铜 0.7 毫克/升或高锰酸钾 10 毫克/升泼洒也有效,经 20～30 分钟,水蛭脱落而死。

二十三、甲鱼敌害

甲鱼的主要敌害时蛇、黄鼠狼、水鼠、野猫、鸟、鼬鼠(黄鼠狼)和水獭等。甲鱼虽有外壳保护,但头尾、四肢和柔软的裙边在夏天夜间活动时易被敌害侵袭受伤直至死亡;人工孵化时因少数甲鱼卵腐败变质常招来大批蚂蚁,危害甲鱼卵和稚甲鱼,对甲鱼的饲养大为不利;多种鸟类也会啄食稚甲鱼和幼甲鱼而造成巨大的损失,因此,必须注意清除这些敌害,以利甲鱼的繁殖和生长。

1. 老鼠对甲鱼的危害

老鼠喜在甲鱼的产卵场挖穴,造成甲鱼卵死亡,并常成群结队窜入池中袭击稚、幼甲鱼,尤其是稚甲鱼在在岸边活动时,因失去了警惕性而被老鼠吞食,对甲鱼危害很大。因此,必须对老鼠进行科学的预防。

2. 预防老鼠

对于老鼠的防治方法,可以采取以下几种方法:

一是用砖、石、水泥筑好堤坝,防止老鼠窜入池内。

二是密封养殖池,加固四周防逃设施,防止老鼠入内。

三是对养殖池的消毒一定要做好,最好是带水消毒,确保所有的洞穴都能灌上药水，这样就可有效地杀死洞中的老鼠。

四是主动在池塘四周下捕鼠夹、捕鼠笼、捕鼠箭、电子捕鼠器、超声波灭鼠器等，安装电动捕鼠器，它们具有构造简单、制作和使用方便、对人畜安全、不污染环境等特点。可根据鼠害发生的情况，在老鼠经常出没的地方按照一定的密度安置机械灭鼠器，进行人工捕杀。

五是随时猎捕或寻找洞穴进行捕杀。

六是对数量较多的鼠类可用利用化学灭鼠剂杀灭害鼠。包括胃毒剂、熏蒸剂、驱避剂和绝育剂等，其中胃毒剂广泛使用，具有效果好、见效快、使用方便、效益高等优点。在使用时要讲究防治策略，施行科学用药，以确保人畜安全，降低环境污染。

3. 蛇对甲鱼的危害

蛇一方面是原来养殖池里存在的，另一方面是饵料的气味引来的。它能适应水陆生活，一部分时间是生活在水中，一部分时间是在陆地上生活，是昼伏夜出的习性。它们能挖掘泥沙，吞食甲鱼卵，窜入水中吞食稚甲鱼、幼甲鱼，在稚甲鱼池中尤以水蛇危害最大，危害比较严重。

4. 预防蛇对甲鱼的危害

对于蛇的防治方法，可以采取以下的措施来进行防除：

一是对养殖池的消毒一定要做好，最好是带水消毒，确保所有的洞穴都能灌上药水,这样就可有效地杀死洞中的水蛇。

二是加固防逃网,及时修补破损的地方,池塘的进水口处安装铁网、尼龙网,防止蛇类进入。

5. 鸟类对甲鱼的危害

鸟类通常也适应在陆地上生活,同时也会在水边生活,这些对甲鱼有一定危害的鸟类主要是较大型利嘴的鸟类,有苍鹭、池鹭、鸢、翠鸟、乌鸦、红嘴鸥鸟、鹰等,它们俯冲到水中能迅速捕捉稚甲鱼、幼甲鱼,也会把长长的嘴伸入泥土中进行捕食稚嫩的小甲鱼苗种,有时也吞食甲鱼卵,商品甲鱼虽然甲壳坚硬,性凶猛,但仍会遭到一些鸟类的袭击。

6. 预防鸟类对甲鱼的危害

鸟类袭击甲鱼时,通常是夜袭,所以在这些鸟类较多时,对它们的预防主要采取以下几种措施:一是对不是保护动物的鸟类,可以捕捉或杀死,然后把死的鸟挂在拦网上,借以恐吓其他鸟类;二是对于国家保护的鸟类,只能采取驱赶的方法来达到目的,可用鞭炮或扎稻草人或用其他死的水鸟来驱赶;三是对于水泥池或其他小型养殖池,可以考虑在上方罩一层防护网。

7. 蚂蚁对甲鱼的危害及预防

蚂蚁嗅觉特别灵敏,在甲鱼卵将要孵化之时,就已在附近筑巢居住了。在甲鱼的繁殖过程中,一旦有腐臭的甲鱼卵,发出的气味会引来大量的蚂蚁,这些蚂蚁一方面继续食用腐败的甲鱼卵,另一方面,当稚甲鱼刚刚破壳的时候,这些蚂蚁就会成群袭击,并将甲鱼咬死。因此,在发现产卵场或孵化场附近有蚂蚁或蚁巢时,要立即喷药毒杀并清除蚁巢。

8. 其他兽类对甲鱼的危害及预防

袭击甲鱼的兽类除老鼠外还有黄鼠狼、猫、狐狸等,其中以黄鼠狼最多、最凶残。它每晚出来活动,同甲鱼的活动时间相同,所以它对甲鱼的危害主要体现在以下几点:一是在夜晚甲鱼产卵的时候出来干扰甲鱼的生殖活动;二是在干扰甲鱼产卵的时候,由于它的活动而震动卵,造成胚胎死亡,从而对甲鱼卵的孵化起巨大的破坏作用;三是这些兽类会直接吞食甲鱼卵;四是在夜间,它们又会成群结队地窜入池中袭击稚幼甲鱼及体弱的商品甲鱼。黄鼠狼对甲鱼的偷袭则更为严重,它能在水中潜行,捕杀甲鱼,对甲鱼的养殖危害很大。

防止黄鼠狼危害的方法是:在池上面加盖金属网,池堤筑牢,并在养殖池周围诱捕。

向您推荐

花生高产栽培实用技术	18.00
梨园病虫害生态控制及生物防治	29.00
顾学玲是这样养牛的	19.80
顾学玲是这样养蛇的	18.00
桔梗栽培与加工利用技术	12.00
蚯蚓养殖技术与应用	13.00
图解樱桃良种良法	25.00
图解杏良种良法	22.00
图解梨良种良法	29.00
图解核桃良种良法	28.00
图解柑橘良种良法	28.00
河蟹这样养殖就赚钱	19.00
乌龟这样养殖就赚钱	19.00
龙虾这样养殖就赚钱	19.00
黄鳝这样养殖就赚钱	19.00
泥鳅高效养殖 100 例	20.00
福寿螺 田螺养殖	9.00
"猪—沼—果（菜粮）"生态农业模式及配套技术	16.00

肉牛高效养殖实用技术	28.00
肉用鸭 60 天出栏养殖法	19.00
肉用鹅 60 天出栏养殖法	19.00
肉用兔 90 天出栏养殖法	19.00
肉用山鸡的养殖与繁殖技术	26.00
商品蛇饲养与繁育技术	14.00
药食两用乌骨鸡养殖与繁育技术	19.00
地鳖虫高效益养殖实用技术	19.00
有机黄瓜高产栽培流程图说	16.00
有机辣椒高产栽培流程图说	16.00
有机茄子高产栽培流程图说	16.00
有机西红柿高产栽培流程图说	16.00
有机蔬菜标准化高产栽培	22.00
育肥猪 90 天出栏养殖法	23.00
现代养鹅疫病防治手册	22.00
现代养鸡疫病防治手册	22.00
现代养猪疫病防治手册	22.00
梨病虫害诊治原色图谱	19.00
桃李杏病虫害诊治原色图谱	15.00
葡萄病虫害诊治原色图谱	19.00
苹果病虫害诊治原色图谱	19.00
开心果栽培与加工利用技术	13.00
肉鸭网上旱养育肥技术	13.00
肉用仔鸡 45 天出栏养殖法	14.00
现代奶牛健康养殖技术	19.80